Fouad Soliman
Hamed Mira
Islam Alhindawy

Ciência e tecnologias subjacentes à produção de hidrogénio verde

Fouad Soliman
Hamed Mira
Islam Alhindawy

Ciência e tecnologias subjacentes à produção de hidrogénio verde

ScienciaScripts

Imprint

Any brand names and product names mentioned in this book are subject to trademark, brand or patent protection and are trademarks or registered trademarks of their respective holders. The use of brand names, product names, common names, trade names, product descriptions etc. even without a particular marking in this work is in no way to be construed to mean that such names may be regarded as unrestricted in respect of trademark and brand protection legislation and could thus be used by anyone.

Cover image: www.ingimage.com

This book is a translation from the original published under ISBN 978-620-8-42908-9.

Publisher:
Sciencia Scripts
is a trademark of
Dodo Books Indian Ocean Ltd. and OmniScriptum S.R.L publishing group

120 High Road, East Finchley, London, N2 9ED, United Kingdom
Str. Armeneasca 28/1, office 1, Chisinau MD-2012, Republic of Moldova, Europe
Managing Directors: Ieva Konstantinova, Victoria Ursu
info@omniscriptum.com

Printed at: see last page
ISBN: 978-620-2-74427-0

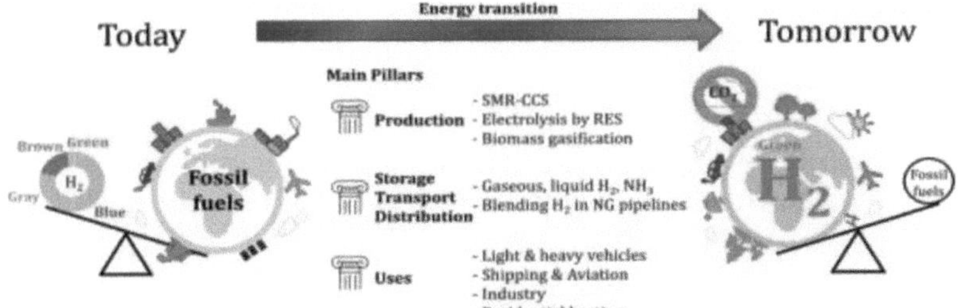

Ciência e tecnologias subjacentes à produção de hidrogénio verde

Por

Fouad A. S. Soliman   **Hamed I.E.Mira**   **Islam G. El-hendawy**

**Autoridade de Materiais Nucleares,
Ministério da Eletricidade e das Energias Renováveis, Cairo, Egito**

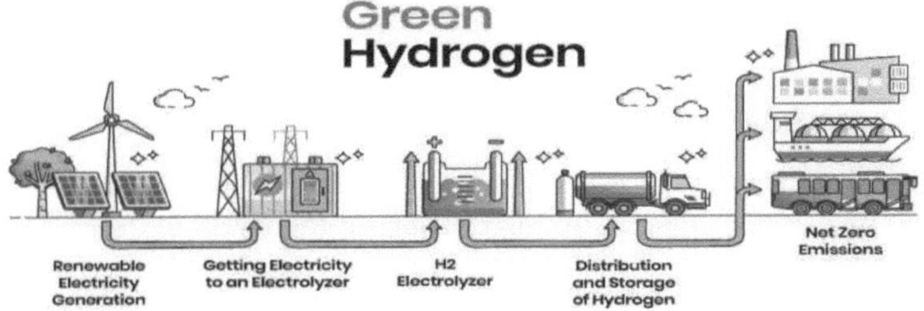

fevereiro de 2025

Sobre os autores

Dr. Eng. Fouad A. S. Soliman

**Prof. de Engenharia Eletrónica e de Computadores,
Autoridade de Materiais Nucleares, Cairo, Egito.g**

Membro do Conselho Editorial de:

- **Progress in Photovoltaic, "Research and Applications", John Wiley and Sons, Reino Unido, desde 1993,**
- **Periódicos da Associação para o Avanço das Técnicas de Modelação e Simulação, AMSE, Lune, França,**
- **Revista Internacional de Ciência da Computação e Aplicações de Engenharia (IJCSEA).**

Membro de:

- **Associação Americana para o Avanço das Ciências, N.Y., E.U.A,**
- **Academia de Ciências de Nova Iorque, Nova Iorque, E.U.A.**

Escolhido para:

- **Who's Who in the World, A.N. Marquis, N.J., U. S. A.**
- **Outstanding People of the 20 Century, International Biographical Center de Cambridge, Inglaterra.**

Ensino nas universidades

- **Ensino dos estudantes de pós-graduação nas universidades egípcias.**

Publicações e supervisão de M.Sc. e Ph.D.
Artigos e teses supervisionadas
- **Cerca de 200**

Livros:
[1] . Fouad A. S. Soliman, **"A Novel Look on the world of Nanotechnology
for Today and Future",** livro publicado, Lambert Academic Publishing, Omni- Scriptum GmbH and Co. KG, fevereiro, 2016, ISBN: 978-3-659-83496-7.
[2] . F. A. S. Soliman, **"Energy and the Future of Civilizations",** publicado em
Livro, Lambert Academic Publishing, Omni-Scriptum GmbH and Co. KG, abril de 2016.

ISBN: 978-3-659-88129-9.
[3] . F. A. S. Soliman, "Caracterização, Simulação, Aplicações, Implementação
ment and Economics of Solar Energy", Lambert Academic Publishing, LAP, Saarbrücken, Alemanha, maio de 2016.
ISBN: 978-3-659-89387-2.
[4] . Fouad A. S. Soliman e Hoda A. Ashry," Role of the Nuclear Techno
logy on Human Daily Life", Livro publicado, Lambert Academic Publishing, Omni-Scriptum, GmbH and Co. KG, maio de 2016.
ISBN: 978-3-659-90461-5.
[5] . Fouad A. S. Soliman, Safaa M. R. El-ghanam e Ashraf M. Abdel-Maksoud, "Impact of Outer Space Environment on Electronic Devices and Systems", livro publicado, Lambert Academic Publishing, Omni-Scriptum GmbH and Co. KG, julho de 2016.
ISBN: 978-3-659-93044-7
[6] . H. A. Ashry, Fouad A. S. Soliman e S. A. Kamh, "Nuclear Techno logia: Future Generation, Protection and Monitoring", Livro publicado, Lambert Academic Publishing, Omni-Scriptum GmbH and Co. KG, agosto de 2016.
ISBN: 978-3-659-93921-1
[7] . Fouad. A.S. Soliman, "Agriculture in Remote Areas Based on Solar
Energia", livro publicado, Lambert Academic Publishing, Omni-Scriptum GmbH & Co. KG, Set. 2016.
ISBN: 978-3-659-95267-8
[8] . Fouad A. S. Soliman, "Solar-Wind Hybrid Renewable Energy for Agricultura Sustentável", Livro Publicado, Lambert Academic Publishing, Omni- Scriptum GmbH and Co. KG, outubro, 2016, Número: 145917 ISBN: 978-3-659-96384-1
[9] . Fouad A. S. Soliman, "Linhas de Transmissão de Alta Tensão: Importance,
Manutenção e Riscos", Livro Publicado, Lambert Academic Publishing, Omni- Scriptum GmbH and Co. KG, novembro, 2016, Número:147937,
ISBN: 978-3-330-00309-5.
[10] . Hoda A. Ashry e Fouad A. S. Soliman, Técnica Analítica Nuclear
ques e Ciências Modernas, Livro Publicado, Lambert Academic Publishing, Omni- Scriptum, GmbH and Co. KG, dezembro, 2016, N°: 149558,
ISBN: 978-3-330-01772-6.

[11] . Fouad A. S. Soliman, **Energy: History, Definitions, Forms, Trans formação e aplicações,** Livro Publicado, Lambert Academic
Publishing, Omni- Scriptum, GmbH and Co. KG, janeiro de 2017.
ISBN: 978-3-330-02939-2.

[12] . Fouad A. S. Soliman, **All About Nuclear Materials, Livro Publicado,**
Lambert Academic Publishing, Omni- Scriptum GmbH and Co. KG, 2017.
ID do projeto (150859) ISBN:978-3-330-03643-7.

[13] . Fouad A. S. Soliman e Hoda A. Ashry, **Focus on the Treasures of A Terra,** livro publicado, Lambert Academic Publishing, Omni- Scriptum GmbH and Co. KG, fevereiro de 2017.
ISBN: 978-3-659-85407-1.

[14] . Fouad A. S. Soliman, **Geothermal Energy Technology,** Publicado em
Livro, Lambert Academic Publishing, Omni-Scriptum GmbH and Co., KG, maio de 2017.
ISBN: 978-3-330-31808-3.

[15] . Fouad A. S. Soliman, **Marine Power Technology and Future of Energia,** livro publicado, Lambert Academic Publishing, Omni-Scriptum GmbH and Co. KG, junho de 2017.
ISBN: 978-3-330-32467-1.

[16] . Fouad A. S. Soliman e Hoda A. Ashry, **Atomic Batteries: the Easy Energy for Tomorrow", Livro Publicado,** Lambert Academic
Publishing, Omni-Scriptum. GmbH and Co. KG, julho de 2017.
ISBN:978-3-330-35308-4.

[17] . Fouad A. S. Soliman, e Hoda A. Ashry, **Evolução do Sincrotrão Radiação e sua importância",** livro publicado, Lambert Academic
Publishing, Omni-Scriptum GmbH and Co. KG, agosto de 2017.
ISBN: 978-620-2-01385-7

[18] . Fouad A. S. Soliman, **"Mechatronics: Multidisciplinar Engineering",** Livro Publicado, Lambert Academic Publishing, Omni-Scriptum, GmbH and Co. KG, agosto de 2017.
ISBN: 978-620-0-43740-2.

[19] . Fouad A. S. Solimna e Hoda A. Ashry, **"Recuperação de ouro e prata from Electronic Waste", Recuperação de Ouro e Prata de Resíduos Electrónicos",** Livro Publicado Lambert Academic Publishing, Omni-Scriptum GmbH and Co. KG, Set. 2017.
ISBN: 978-620-2-04988-7.

[20] . Fouad A. S. Soliman, **Amira A El-laboudi e Manal Mahdi,**

"Harvesting Energy and Future Human Needs", livro publicado, Lambert Academic Publishing, Omni-Scriptum GmbH and Co. KG, novembro de 2017.
ISBN: 978-620-2-07981-5.
[21] . Hoda A. Ashry e Fouad A. S. Soliman, "World of Neurons", Livro publicado, Lambert Academic Publishing, Omni- Scriptum GmbH and Co. KG, janeiro de 2018.
ISBN: 978-613-4-97714-2.
[22] . Fouad A. S. Soliman, "Role of Engineering in Therapy", Publicado em
Livro Lambert Academic Publishing, Omni- Scriptum GmbH and Co. KG, abril de 2018.
ISBN: 978-613-9-58735-3.
[23] . Fouad A. S. Soliman, "New Trends in Exploring Earth Treasures" (Novas Tendências na Exploração dos Tesouros da Terra), Livro publicado, Lambert Academic Publishing, Omni- Scriptum GmbH Co. KG, Nov. 2019.
ISBN: 978-620-0-46469-9.
[24] . Fouad A. S. Soliman, "Energia: Recursos, Derivados, Sustentabilidade
and Development", Livro publicado Lambert Academic Publishing, Omni-Scriptum GmbH and Co. KG, dezembro de 2019.
[25] . Fouad A. S. Soliman e Hamed I. E. Mira, "Nuclear Power: História, materiais, economia e futuro", Livro publicado Lambert Academic Publishing, Omni-Scriptum GmbH & Co. KG, janeiro de 2020.
ISBN: 978-620-0-46407-1.
[26] . Fouad A. S. Soliman, "Renewable Energy and the Future of Human
Vida", Livro publicado. Lambert Academic Publishing. Omni-Scriptum GmbH e Co.KG, fevereiro de 2020.
ISBN: 978-620-0-53632-7.
[27] . Fouad A. S. Soliman, Safaa M. R. El-ghanam, e Ashraf M. Abdel-
maksoud, "Impacto ambiental da indústria energética", Livro publicado Lambert Academic Publishing, Omni-Scriptum GmbH and Co. KG, fevereiro de 2020.
ISBN: 978-620-0-57165-6.
[28] . Fouad A. S. Soliman e Amira Abdel-Magid, "Projections, Develo
pments and Exploitations of Renewable Energy Resources" Livro publicado, Lambert Academic Publishing, Omni-Scriptum GmbH and Co.

KG, março de 2020.
ISBN: 978-620-065158-7.
[29] . Fouad A. A. Soliman, e **Wafaa Abd El-Basit, "Smart Photovoltaic
Technologies and the Future of Energy"**, livro publicado, Lambert Academic Publishing, **Omni-Scriptum** GmbH and Co. KG, março de 2020. ISBN: 978-620-251267-1.
[30] . Fouad A. S. Soliman, and **Sanaa A. Kamh", Open Source Hardware
Tecnologia,** Livro Publicado, Lambert Academic Publishing, Omni-Scriptum GmbH and Co. KG, abril de 2020.
ISBN: 978-620-2-51639-6.
[31] . Fouad A. S. Soliman, **"Renewable Energy Technologies for Salt Water
Dessalinização",** Livro Publicado, Lambert Academic Publishing, Omni-Scriptum GmbH and Co. KG, maio de 2020.
ISBN: 978-620-2-52159-8.
[32] . Fouad A. S. Soliman, **" New Trends in Renewable Energy for Humanity Benefits",** livro publicado, Lambert Academic Publishing, Omni-Scriptum GmbH and Co. KG, maio de 2020.
ISBN: 978-620-2-51887-1.
[33] . Fouad A. S. Soliman, e **Ashraf M. Abdel-maksoud, "Energy Armazenamento, transmissão e monitorização",** livro publicado, Lambert Academic Publishing, Omni-Scriptum GmbH and Co. KG, maio de 2020.
ISBN: 978-6213-94971-2
[34] . Fouad S. S. Soliman, **"Climate Effects on PV-Systems and their Manutenção e Reciclagem",** Livro Publicado, Lambert Academic Publishing, Omni-Scriptum GmbH and Co. KG, junho de 2020.
ISBN: 978-620-2-56451-9.
[35] . Fouad A. S. Soliman e **Hamed I. E. Mira, "Drones: The Future of
Unmanned Aerial Vehicles",** Livro publicado Lambert Academic Publishing, Omni-Scriptum GmbH and Co. KG, junho de 2020.
ISBN: 978-620-2-66811-8.
[36] . Fouad A. S. Soliman, **"Airborne Geophysical & Remote Sensing Based on Drone Aircrafts",** livro publicado, Lambert Academic Publishing, Omni-Scriptum GmbH and Co. KG, julho de 2020.
ISBN: 978-620-2-67331-0.
[37] . Fouad A. S. Soliman e **Hamed I. E. Mira, "UXO Environmental Impact, Detection and Demining",** Livro publicado Lambert Academic

Publishing, Omni-Scriptum GmbH and Co. KG, julho de 2020.
ISBN: 978-620-2-67862-9.

[38] . Fouad A. S. Soliman e **Safaa M. El-ghanam "The World of Tecnologias de energias renováveis",** livro publicado, Lambert Academic Publishing, Omni-Scriptum GmbH and Co. KG, agosto de 2020.
ISBN: 978-620-2-68432-3.

[39] . Fouad A. S. Soliman, e **Ashraf M. Abedel-maksoud",
Tecnologias
of Stand-Alone and Distributed Energy Systems",** Livro publicado, Lambert Academic Publishing, Omni-Scriptum GmbH and Co. KG, setembro de 2020.
ISBN: 978-620-0-50455-6.

[40] . Fouad A. S. Soliman, **"A Novel and Efficient Aerial Techniques for
Deteção de UXO",** livro publicado, Lambert Academic Publishing, Omni-Scriptum GmbH and Co. KG, setembro de 2020.
ISBN: 978-620-2-79934-8

[41] . Fouad A. S. Soliman e **Ashraf M. Abedel-maksoud, "Tecnologia and Future of Nano-fluids",** livro publicado, Lambert Academic Publishing, Omni-Scriptum GmbH and Co. KG, setembro de 2020.
ISBN: 978-620-2-80132-4.

[42] . Fouad A. S. Soliman, e **Safaa M. El-ghanam,** "New Trends in the Generation, Conversion, Transmission and Storing of Energy", Livro publicado, Lambert Academic Publishing, Omni-Scriptum GmbH and Co. KG, outubro de 2020.
ISBN: 978-620-2-80878-1.

[43] . Fouad A. S. Soliman, **"Monitorização Remota, Medição de Rede, Falhas
Deteção e Manutenção Preditiva de Sistemas Eléctricos de Potência.** Livro publicado, Lambert Academic Publishing, Omni-Scriptum GmbH and Co. KG, outubro de 2020.
ISBN: 978-3-330-06474-4.

[44] . Fouad A. S. Soliman, **A. A. Abu Talib e Doaa H. Hanafy, "PV Shockley-Queasier, Maximum Power, Green Houses and Rooftop Stations",** Livro publicado, Lambert Academic Publishing, Omni-Scriptum GmbH and Co. KG, outubro de 2020.
ISBN: 978-620-2.92085-8.

[45] . Fouad A. S. Soliman, **Wafaa A. Zekri, Soha Abel-Azim, Environ Mental Impact of Electricity Generation, Transmission and Industry",** livro publicado, Lambert Academic Publishing, Omni- Scriptum GmbH and Co. KG, novembro de 2020.

ISBN: 978-620-3-02581-1.
[46] . Fouad A. S. Soliman, e **Safaa R. El-ghanam, "Future Energy DevelopMent",** livro publicado, Lambert Academic Publishing, Omni-Scriptum GmbH and Co. KG, novembro de 2020.
ISBN: 978-620-3-041132.
[47] . Fouad A. S. Soliman **e Hamed I. E. Mira, "For More Efficient Solar Energy Applications",** livro publicado Lambert Academic Publishing, Omni-Scriptum GmbH and Co. KG, dezembro de 2020.
ISBN: 978-620-801002.
[48] . Fouad A. S. Soliman, e **Sanaa A. Kamh, "New Trends in Micro-and**

Hybrid-Energy Grids", Livro publicado, Lambert Academic **Publishing,** Omni-Scriptum. GmbH and Co. KG, dezembro de 2020.
ISBN: 978-620-2-92022-3.
[49] . Fouad A. S. Soliman, **"Trends in Renewable Energy Resources Grid**

ding", Livro publicado Lambert Academic Publishing, Omni-Scriptum GmbH and Co. KG, janeiro de 2021.
ISBN: 978-620-3-30339-1.
[50] . Fouad A. S. Soliman, e **Wafaa Abdel Basit Zekri, "Gridding of Smart Solar Energy Systems",** livro publicado, Lambert Academic Publishing, Omni-Scriptum, GmbH and Co., K.G. março de 2021.
ISBN: 978-620-3-46312-5.
[51] . Fouad A. S. Soliman e **Safaa R. El-ghanam, "New Trends in hoto-**

voltaic System", Livro publicado, Lambert Academic Publishing, Omni-Scriptum GmbH and Co., K.G., Dez. 2020.
ISBN: 978-620-3-47075-8.
[52] . Fouad A. S. Soliman, **"Monitorização automática de sistemas fotovoltaicos",**
Livro publicado Lambert Academic Publishing, Omni-Scriptum GmbH and Co. KG, setembro de 2021.
ISBN: 978-620-3-58196-6.
[53] . Fouad A. S. Soliman e **Ashraf M. Abedel-maksoud, "Marine Power: The Future of Renewable Energy,** Livro Publicado, Lambert Academic Publishing, Omni-Scriptum GmbH and Co. KG, novembro, 2 021.
ISBN: 978-620-4-71792-0163.
[54] . Fouad A. S. Soliman, **"Carbon Capture and Sequestration",** publicado em
Livro Lambert Academic Publishing, Omni-Scriptum GmbH and Co. KG,

novembro de 2021.
ISBN: 978-620-4-72561-1163.

[55] . Fouad A. S. Soliman, e Hoda A. Ashry, "Role of Electronics and Computer Sciences on Energy Medicine", Livro publicado Lambert Academic Publishing, Omni-Scriptum GmbH and Co. KG, Nov. 2021. ISBN: 978-620-4-727387.

[56] . Fouad A. S. Soliman, e Nehal Abou-el fotoh Ali, "Future Challenges
de Eletrónica baseada em Piezoeléctricos". Livro publicado Lambert Academic Publishing Omni-Scriptum GmbH and Co. KG, dezembro de 2021. ISBN: 978-620-4-70844.

[57] . Fouad A. S. Soliman, Ayman H. Shanash e Nehal Abou-el fotoh Ali, "Sustainale Energy for Human Safety and Luxury", livro publicado Lambert Academic Publishing, Omni-Scriptum GmbH and Co. KG, janeiro de 2022.
ISBN: 978-620-4-73029-1163.

[58] . Fouad A. S. Soliman, e Nehal Abou-el fotoh Ali, "World of Osmo
Tic Phenomenon", Livro publicado Lambert Academic Publishing, Omni-Scriptum GmbH & Co. KG, janeiro de 2021.
ISBN: 978-620-4-73327-2164.

[59] . Fouad A. S. Soliman, Ayman H. Shanash & Nehal Abou-el fotoh Ali,
"A Deep Insight into the Future of Energy", livro publicado Lambert Academic Publishing, Omni-Scriptum GmbH and Co. KG, Jan. 2022.
ISBN: 978-620-4-73472-9164.

[60] . Fouad A. S. Soliman, Ayman H. Shanash e Nehal Abou-el fotoh Ali,
"Transição dos combustíveis fósseis para as energias renováveis", Livro publicado Lambert Academic. Publishing, Omni-Scriptum GmbH and Co. KG, fevereiro de 2022.
ISBN: 978-620-4-74114-7164.

[61] . Fouad A. S. Soliman, Ayman H. Shanash e Nehal Abou-el fotoh Ali, "Ocean Thermal Energy Conversion", Livro publicado Lambert Academic Publishing, Omni-Scriptum GmbH and Co. KG, Fev. 2022.
ISBN: 978-620-4-74278-61.

[62] . Fouad A. S. Soliman, Ayman H. Shanash e Nehal Abou-el fotoh Ali, "The Rapid Movement towards Clean Green World", Livro publicado Lambert Academic. Publishing, Omni-Scriptum GmbH and Co. KG, fevereiro de 2022.
ISBN: 9786-204-745 183.

[63] . Fouad A. S. Soliman, **Ayman H. Shanash e Nehal Abou-el fotoh Ali, "Renewable Energy Systems Engineering",** Livro publicado Lambert Academic Publishing, Omni-Scriptum GmbH and Co. KG, fevereiro de 2022.
ISBN: 978-620-4-74716-3.

[64] . Fouad A. S. Soliman, **Ayman H. Shanash e Nehal Abou-el fotoh Ali, "From A - To Z-about Renewable Energy",** Livro publicado Lambert Academic Publishing, Omni-Scriptum GmbH and Co. KG, março de 2022.
ISBN: 9786-202-053099.

[65] . Fouad A. S. Soliman, Hamed I. E. Mira e Nehal Abou-el fotoh Ali, **"Steps on the Way of Energy Future and Conservation",** Livro publicado Lambert Academic Publishing, Omni-Scriptum GmbH and Co. KG, março de 2022.
ISBN: 9786-139-448388.

[66] . Fouad A. S. Soliman, Nehal Abou-el fotoh Ali & Karima A. Mahmoud,
"Engineering and Comfortable Smart Life", livro publicado Lambert Academic Publishing, Omni-Scriptum GmbH and Co. KG, março de 2022.
ISBN: 978-620-0-24999-91.

[67] . Fouad A. S. Soliman, Hoda A. Ashry e Nehal Abou-el fotoh Ali, **"World of Fuel Cells",** livro publicado Lambert Academic Publishing, Omni-Scriptum GmbH and Co. KG, abril de 2022.
ISBN: 978-620-4-74855-91.

[68] . Fouad A. S. Soliman, Nehal Abou-el fotoh Ali e Wafaa A. Zekri, **"Engenharia de sistemas fotovoltaicos",** Livro publicado Lambert Academic Publishing, Omni-Scriptum GmbH and Co. KG, abril de 2022.
ISBN: 978-620-4-74893-11.

[69] . Fouad A. S. Soliman, Amira A. Abo-talib e Doaa H. Hanafy, **"Role of Electronic Engineering on Automotive and Mechanic Science",** Livro publicado Lambert Academic Publishing, Omni-Scriptum, GmbH and Co. KG, maio de 2022.
ISBN: 978-620-4-75130-61.

[70] . Fouad A. S. Soliman, Nihal Abou-alfotoh Ali," **Nano-fiber: O futuro de Materiais".** Livro publicado Lambert Academic Publishing, Omni-Scriptum, GmbH and Co. KG, maio de 2022.
ISBN: 978-620-4-95505-616.

[71] . Fouad A. S. Soliman, Sanaa A. Kamh e Doaa H. Hanafy", **The Brilliant Future of Lithium in Energy Storage",** Livro publicado Lambert

Academic Publishing, Omni-Scriptum, GmbH and Co. KG, maio de 2022. ISBN: 978-620-4-98014-0165519.

[72] . Fouad A. S. Soliman, e Hamed I. E. Mira, **"Stereo Microscope: the**
Nano-Imaging Tool of Future", livro publicado Lambert Academic Publishing, Omni-Scriptum, GmbH and Co. KG, maio de 2022. ISBN: 978-620-5489-406.

[73] . Fouad A. S. Soliman, Amira A. Abo-talib El-laboudi e Karima A. Mahmoud, **"Future of Energy Hybrid Technologies",** Livro publicado Lambert Academic Publishing, Omni-Scriptum, GmbH and Co. KG, maio de 2022. ISBN: 978-620-5489-406.

[74] . Fouad A. S. Soliman, Wafaa Abdel-basit Zekri e Karima A. Mahmoud,
"O futuro brilhante da imagem digital", livro publicado Lambert Academic Publishing, Omni-Scriptum, GmbH and Co. KG, agosto de 2022. ISBN: 978-6205-4956-12.

[75] . Fouad A. S. Soliman, **"O futuro das ciências interdisciplinares",** publicado em Livro Lambert Academic Publishing, Omni-Scriptum, GmbH and Co. KG, outubro de 2022. ISBN: 978-620-5-50245-71.

[76] . Fouad A. S. Soliman, e **Karima A. Mahmoud, "Fewer Losses on Renewable Energy Generation and Applications",** Livro publicado Lambert Academic Publishing, Omni-Scriptum, GmbH and Co. KG, outubro de 2022. ISBN: 978-620-4-980669.

[77] . Fouad A. S. Soliman, **Amira Abou-talib El-laboudi e Doaa H. Hassan, "Food Energy",** livro publicado, Lambert Academic Publishing, Omni-Scriptum, GmbH and Co. KG, outubro de 2022. ISBN: 978-620-5-50995-116.

[78] . Fouad A. S. Soliman, **Wafaa Abdel-basit Zekri & Karima A. Mahmoud," The Brilliant World of Graphene",** Livro publicado Lambert Academic Publishing, Omi-Scriptum, GmbH and Co. KG, outubro de 2022. ISBN: 978-620-5-51599-016.

[79] . Fouad A. S. Soliman, **Amira A. Abo-talib & Doaa H. Hanafy," Wind as**
a Mainstream Renewable Power",, Livro publicado Lambert Academic Publishing, Omni-Scriptum, GmbH and Co. KG, outubro de 2022. ISBN: 978-620-5-52588-316.4

[80] . Fouad A. S. Soliman, e Karima A. Mahmoud, "Unmanned Aerial Vehicle Applications and Development towards Few Grams Weight", Livro publicado Lambert Academic Publishing, Omni-Scriptum, GmbH and Co. KG, outubro de 2022. ISBN: 978-620-4-980669.

[81] . Fouad A. S. Soliman, e Karima A. Mahmoud, "The Benefits of O plástico e os seus perigos iminentes para a humanidade". Livro publicado Lambert Academic Publishing, Omni-Scriptum, GmbH and Co. KG, Out. 2 022. ISBN: 978-620-5622472.

[82] . Fouad A. S. Soliman, e Karima A. Mahmoud, "Advanced Techno logies for Gold Prospection and Mining", Livro publicado Lambert Academic Publishing, Omni-Scriptum, GmbH and Co. KG, fevereiro de 2023. ISBN: 978-620-6142263.

[83] . Fouad A. S. Soliman, e Karima A. Mahmoud, "Neuro-linguística Programing", Livro publicado Lambert Academic Publishing, Omni-Scriptum, GmbH and Co. KG, março de 2023. ISBN: 978-620-14432.

[84] . Fouad A. S. Soliman, e Karima A. Mahmoud, "Future Techniques In Mind Mapping", Livro publicado Lambert Academic Publishing, Omni-Scriptum, GmbH, and Co. KG, março de 2023. ISBN: 978-6206-147640.

[85] . Fouad A. S. Soliman, e Hamid I. E. Mira, "Copper for Bright Future of Renewable Energy", Livro publicado Lambert Academic Publishing, Omni-Scriptum, GmbH and Co. KG, março de 2023. ISBN: 978-6206-142263.

[86] . Fouad A. S. Soliman, Amgira A. Abo-talib e Doaa H. Hanafy, Renewable Energy the Power of World by 2050", Livro publicado Lambert Academic Publishing, Omni-Scriptum, GmbH and Co. KG, março de 2023. abril de 2023. ISBN: 978-6206-153573.

[87] . Fouad A. S. Soliman e Karima A. Mahmoud, Global Energy Interconexão e prática" Livro publicado Lambert Academic Publishing Omni-Scriptum, GmbH and Co. KG. abril de 2023. ISBN: 978-6206-153573.

[88] . Fouad A. S. Soliman, Hamid I. E. Mira e Karima A. Mahmoud, "Uma visão do mundo da tecnologia da energia eólica". Livro publicado Lambert Academic Publishing, Omni-Scriptum, GmbH and Co. KG.

setembro de 2023.
ISBN: 978-6206-781967.

[89] . Fouad A. S. Soliman, Wafaa A. Zekri e Karima A. Mahmoud, "O papel do hidrogénio na vida humana". Livro publicado Lambert Academic Publishing, Omni-Scriptum, GmbH and Co. KG. Set. 2023.
ISBN: 978-6206-78625-2.

[90] . Fouad A. S. Soliman, e Karima A. Mahmoud, "Future of Energia Renovável e Técnicas de Armazenamento". Livro publicado Lambert Academic Publishing, Omni-Scriptum, GmbH and Co. KG. setembro de 2023.
ISBN: 978-6206-790570.

[91] . Fouad A. S. Soliman, Hamid I. E. Mira e Karima A. Mahmoud, "Importância, Pobreza, Transmissão, Segurança das Energias Renováveis". Livro publicado Lambert Academic Publishing, Omni-Scriptum, GmbH and Co. KG. setembro de 2023.
ISBN: 978-6206-8433513.

[92] . Fouad A. S. Soliman, Hamid I. E. Mira e Karima A. Mahmoud, "Rumo a 100 % de energias renováveis". Livro publicado Lambert Publicação académica, Omni-Scriptum, GmbH e Co. KG. Dez. 2023.
ISBN: 978-620-7-44774-9.

[93] . Fouad A. S. Soliman, e Karima A. Mahmoud, "Vehicles Funcionamento num futuro não poluído". Livro publicado Lambert Academic Publishing, Omni-Scriptum, GmbH and Co. KG. Dez. 2023.
ISBN: 978-620-7-45399-3.

[94] . Fouad A. S. Soliman e Karima A. Mahmoud, "World of Fotónica". Livro publicado Lambert Academic Publishing, Omni-Scriptum, GmbH and Co. KG. dezembro de 2023.
ISBN: 978-620-7-45399-3.

[95] . Fouad A. S. Soliman, e Karima A. Mahmoud, "Eletrónica e Informática para eleições justas". Livro publicado Publicação académica, Omni-Scriptum, GmbH e Co. KG. Dez. 2023.
ISBN: 978-620-7-474783.

[96] . Fouad A. S. Soliman, Hamid I. E.Mira e Karima A. Mahmoud, "Fosfatos, Ácidos Fosfóricos e Células Fule". Livro publicado Lambert Academic Publishing, Omni-Scriptum, GmbH and Co. KG. Dez. 2023.
ISBN: 978-620-7-484935.

[97] . Fouad A. S. Soliman, e Karima A. Mahmoud, "Waste Heat Recovery for Power Generation Applications". Livro publicado Lambert Academic Publishing, Omni-Scriptum, GmbH and Co. KG. dezembro de 2023.
ISBN: 978-620-7-48768-4.

[98] . Fouad A. S. Soliman, **Hamed I. E. Mira e Karima A. Mahmoud,** "Estradas Solares", Livro Publicado. Lambert Academic Publishing, Omni- Scriptum, GmbH and Co. KG. janeiro de 2024. ISBN: 978-620-3-19965-5.

[99] . Fouad A. S. Soliman, **e Karima A. Mahmoud, "Solar Energy Engenharia".** Livro publicado Lambert Academic Publishing, Omni-Scriptum, GmbH and Co. KG, maio de 2024. ISBN: 978-620-7-64062-1.

[100] . Fouad A. S. Soliman, **e Karima A. Mahmoud, "New Look to the**

World of Dark Energy and MaterialsLivro **publicado** Lambert Academic Publishing, Omni-Scriptum, GmbH and Co. KG, junho de 2024. ISBN: 978-620-7-64872-6.

[101] . Fouad A. S. Soliman, **e Karima A. Mahmoud, "Inteligência Artificial**

e o Futuro da Humanidade". Livro publicado Lambert Academic Publishing, Omni-Scriptum, GmbH and Co. KG, junho de 2024. ISBN: 978-620-7-65198-6.

[102] . Fouad A. S. Soliman **e Karima A. Mahmoud, "Technological Road**

mapas para o objetivo de emissões líquidas zero até 2030 e 2050". Livro publicado Lambert Academic Publishing, Omni - Scriptum, GmbH and Co. KG, junho de 2024. ISBN: 978-620-7-809264.

[103] . Fouad A. S. Soliman, **Hamed I. E. Mira e Karima A. Mahmoud,**

"Perovskite for Brilliant Futuer of Solar Cells". Livro publicado Lambert Academic Publishing, Omni - Scriptum, GmbH and Co. KG, julho de 2024. ISBN: 978-620-7-995462.

[104] . Fouad A. S. Soliman **e Karima A. Mahmoud, "Role of Neural Redes sobre o Futuro Brilhante das Ciências da Computação".** Livro publicado Lambert Academic Publishing, Omni - Scriptum, GmbH and Co. KG, agosto de 2024. ISBN: 978-620-8-01103-1.

[105] . Fouad A. S. Soliman, **Hamed I. E. Mira e Islam G. Al-hendawy, "Photovoltaic cell Regenerations and their Developments Research",** Livro publicado Lambert Academic Publishing, Omni - Scriptum, GmbH and Co. KG, setembro de 2024. ISBN: 978-620-8-11919-5.

[106] . Fouad A. S. Soliman **e Karima A. Mahmoud, "World of**

**Hybridi
zação".** Livro publicado Lambert Academic Publishing, Omni -Scrip- tum,
GmbH and Co. KG, outubro de 2024.
ISBN: 978-620-817902.
[107] . Fouad A. S. Soliman e **Karima A. Mahmoud, "Tecnologias
laser
e futuras aplicações".** Livro publicado Lambert Academic Publishing,
Omni -Scriptum, GmbH and Co. KG, outubro de 2024.
ISBN: 978-620-8-22485-1.
[108] . Fouad A. S. Soliman, **Karima A. Mahmoud e Islam G. Alhindawy,
"Inteligência artificial para a produção óptima de energia solar".**
Livro publicado Lambert Academic Publishing, Omni -Scriptum, GmbH
and Co. KG, Nov. 2024.
ISBN: 978-3-659--75529-2.
[109] . Fouad A. S. Soliman, **Karima A. Mahmoud,** Islam Al-hindawy
"Todos
sobre sistemas de estações solares terrestres, de telhado, flutuantes e
espaciais". Livro publicado Lambert Academic Publishing, Omni -
Scriptum, GmbH and Co. KG, Nov. 2024.
ISBN: 978-620-4-98142-0.
[110] . Fouad A. S. Soliman e **Karima A. Mahmoud, "Polymer
Composites:
O Futuro dos Isoladores de Alta Tensão".** Livro publicado Lambert
Academic Publishing, Omni -Scriptum, GmbH and Co. KG, Nov. 2024.
ISBN: 978-3-659-97909-5.
[111] . Fouad A. S. Soliman e **Karima A. Mahmoud, "Optoelectronic
Techn
ologias para a saúde humana, segurança e luxo".** Livro publicado
Lambert Academic Publishing, Omni -Scriptum, GmbH and Co. KG, Nov.
2024. ISBN: 978-3-659-97909-5.
[112] . Fouad A. S. Soliman e **Karima A. Mahmoud". Tudo sobre o
Solo
Sistemas de estações solares, telhados, flutuantes e espaciais".** Livro
publicado Lambert Academic Publishing, Omni -Scriptum, GmbH and Co.
KG, Nov. 2024.
ISBN: 978-620-4-98142-0.
[113] . Fouad A. S. Soliman e **Karima A. Mahmoud," Simple Guide to
Tecnologias de geração e colheita de energia para o futuro".** Livro
publicado Lambert Academic Publishing, Omni -Scriptum, GmbH and Co.
KG, janeiro de 2025.

ISBN: 978-620-8-420093.

Dr. Hamed I. E. Mira
Prof. Geologia e Geoquímica
Presidente, Autoridade de Materiais Nucleares, Cairo, Egito.

- **"Energia Nuclear: História, Materiais, Economia e Futuro",** Livro publicado Lambert
- Publicação académica, Omni-Scriptum GmbH and Co. KG, janeiro de 2020.
  ISBN 978-620-0-46407-1.
- **"Drones: The Future of Unmanned Aerial Vehicles",** livro publicado Lambert Academic Publishing, Omni-Scriptum GmbH and Co. KG, junho de 2020.
  ISBN: 978-620-2-66811-8.
- **"Para aplicações de energia solar mais eficientes",** livro publicado Lambert Academic Publishing, Omni-Scriptum GmbH and Co. KG, dezembro de 2020.
- ISBN 978-620-801002.
- **" Estradas Solares: The Future of Renewable Energy",** Livro publicado Lambert Academic Publishing,Omni-Scriptum GmbH and Co. KG, Jan.2021.

- ISBN 978-620-3-19965-9.
- **"Steps on the Way of Energy Future and Conservation",** Livro publicado Lambert Academic Publishing, Omni-Scriptum GmbH and Co. KG, março
  2 022.
- ISBN: 9786-139-448388.
- **" Stereo Microscope: the Nano-imaging Tool of Future",** Livro publicado Lambert Academic Publishing, Omni-Scriptum, GmbH and Co. KG, maio
  2 022.
- ISBN: 978-620-5489-406.
- **"Copper for Bright Future of Renewable Energy",** Livro publicado Lambert Academic Publishing, Omni-Scriptum, GmbH and Co. KG, março
  2 023.

ISBN: 978-6206-142263.
- **"Importância, Pobreza, Transmissão, Segurança das Energias Renováveis".**
Livro publicado Lambert Academic Publishing, Omni-Scriptum, GmbH and Co. KG. Set. 2023.
ISBN: 978-6206-8433513.
- **"Uma visão do mundo da tecnologia da energia eólica".** Livro publicado Lambert Academic Publishing, Omni-Scriptum, GmbH and Co.
KG. setembro de 2023.
ISBN: 978-6206-781967.

Islam G. Alhindawy
Doutoramento em Química dos Materiais

Aptidões e conhecimentos especializados:

Ciência dos Materiais, Química dos Materiais, Nanomateriais, Caracterização de Materiais, Síntese de Nanomateriais, Sol-Gel, Hidrotermal, Cerâmica, Materiais Avançados, Materiais Inteligentes, Catalisadores, Semicondutores em Pó, Tratamento de Água, Adsorção, Degradação Fotocatalítica.

Publicações:

- I.G. Alhindawy, E.A. Elshehy, M.E. El-Khouly, Y.K. Abdel-Monem, e M.S. Atrees, Fabrication of Mesoporous NaZrP Cation-Exchanger for U(VI) Ions Separation Uranyl Leach Liquors. Colloids and Interfaces. 3(4): p. 61, (2019).
- M.O.A. El-Magied, A.I.L.A.E. Fatah, H. Mashaal, A. Tawfique, I.G. Alhindawy, E.S.A. Manaa, e E.A. Elshehy, Fabrication of Worm-Like Meso-porous Silica Monoliths as an Efficient Sorbent for Thorium Ions from Nitrate Media. Radiochemistry. 64(1): p. 62-73, (2022).

- I.G. Alhindawy, E.A. Elshehy, A.O. Youssef, S.M. Abdelwahab, A.A. Zaher, W.A. El-Said, H.I. Mira, e A.M. Abdelkader, Melhorar o desempenho foto-catalítico de nanofolhas de titânia dopadas com cobalto através da indução de vagas de oxigénio para uma degradação eficiente de poluentes orgânicos. Nano-Structures & NanoObjects. 31: p. 100888, (2022).https://doi.org/10.1016/j.nanoso.2022.100888
- I.G. Alhindawy, H.I. Mira, A.O. Youssef, S.M. Abdelwahab, A.A. Zaher, W.A. El-Said, E.A. Elshehy, e A.M. Abdelkader, Nanofolhas de titânia-carbono dopadas com cobalto com vagas de oxigénio induzidas para a degradação fotocatalítica de complexos de urânio em resíduos radioactivos. Nanoscale Advances. 4(24): p. 53305342,

17

(2022).https://doi.org/10.1039/D2NA00467D

- A.A. Elzoghby, E.S.A. Haggag, O.E. Roshdy, I.G. Alhindawy, e A.M. Masoud, Compósito de caulinite/tioureia-formaldeído para uma sorção eficiente de U(VI) do ácido fosfórico comercial. Radiochimica Ata. 111(2): p. 91-103, (2023). https://doi.org/10.1515/ract-2022-0091

- I.G. Alhindawy, D.A. Tolan, E.A. Elshehy, W.A. El-Said, S.M. Abdel-Wahab, H.I. Mira, T. Taketsugu, V.P. Utgikar, A.M. El-Nahas, e A.O. Youssef, Um novo sensor dependente do pH para reconhecimento de iões de estrôncio na água: Uma arquitetura mesoporosa hierarquicamente estruturada. Talanta. 253: p. 124064, (2023).https://doi.org/10.1016/j.talanta.2022.124064

- I.G. Alhindawy, H. Gamal, A.H. Almuqrin, M.I. Sayyed, e K.A. Mahmoud, Impacto da temperatura de calcinação nas propriedades estruturais e de proteção contra a radiação do composto NASICON sintetizado a partir de minerais de zircão. Nuclear Engineering and Technology. 55(5): p. 1885-1891, (2023). https://doi.org/10.1016/j.net.2023.02.014

- K.A. Mahmoud, M.I. Sayyed, A.H. Almuqrin, M.A. Elhelaly, e I.G. Alhindawy, Síntese de pós de vidro para aplicações de proteção contra radiações com base no licor de lixiviação de minerais de zircónio. Radiation Physics and Chemistry. 207: p. 110867, (2023).https://doi.org/10.1016/j .radphyschem.2023.110867

- I.G. Alhindawy, M.I. Sayyed, A.H. Almuqrin e K.A. Mahmoud, Otimização da proteção contra a radiação gama com nanomateriais híbridos de cobalto-titânia. Scientific Reports. 13(1): p. 8936, (2023).https://doi.org/10.1038/s41598-023-33864-y

- D.A. Tolan, A.K. El-Sawaf, I.G. Alhindawy, M.H. Ismael, A.A. Nassar, A.M. El-Nahas, M. Maize, E.A. Elshehy, e M.E. El-Khouly, Efeito da dopagem com bismuto na estrutura cristalina e na atividade fotocatalítica do óxido de titânio. RSC Advances. 13(36): p. 25081-25092, (2023).https://doi.org/10.1039/D3RA04034H

- M.A. Eldoma, S.O. Alaswad, M.A. Mahmoud, I.Y. Qudsieh, M. Hassan, O.Y. Bakather, G.A. Elawadi, A.F.F. Abouatiaa, M.S. Alomar, M.S. Elhassan, I.G. Alhindawy, e Z.M. Ahmed, Enhancing photocatalytic performance of Co-TiO2 and Mo-TiO2-based catalysts through defect engineering and doping: Um estudo sobre a degradação de poluentes orgânicos sob luz UV. Journal of Photochemistry and Photobiology A: Chemistry. 446: p. 115164, (2024). https://doi.org/10.1016/ jjphotochem. 2023.115164

- I.G. Alhindawy, M.I. Sayyed, D.A. Aloraini, A.H. Almuqrin, M.S. Alomar,

G. A. Elawadi, and K.A. Mahmoud, A multi-phase investigation to understand the function of lanthanum and neodymium in the zirconia ceramics' synthesis, structural, and gamma-ray protective ability. Radiation Physics and Chemistry. 215: p. 111336, (2024).https://doi.org/10.1016/j.radphyschem.2023.111336

- I.G. Alhindawy, H. Gamal, A.A. Zaher, M.I. Sayyed, A.H. Almuqrin, D.A. Aloriani, Y.A. Elsheikh, O.Y. Bakather, e K.A. Mahmoud, Óxido de zircónio dopado com La/Nd: Impacto da transição de fase da zircónia nas propriedades de proteção contra raios gama. Journal of Physics and Chemistry of Solids. 187: p. 111828, (2024). https://doi.org/ 10.1016/jjpcs.2023.111828

- A.K. El-Sawaf, A.A. Nassar, D.A. Tolan, M. Ismael, I. Alhindawy, E. M. El-Desouky, A. El-Nahas, M. Shahien e M. Maize, Um nanocompósito mesoporoso de TiO2 dopado com Mo e N Co com eficiência fotocatalítica melhorada. RSC Advances. 14(5): p. 3536-3547, (2024).https://doi.org/10.1039/D3RA07258D

- K.A. Mahmoud, M. Binmujlli, M. Marashdeh, M.I. Sayyed, M.J. Aljaafreh,
H. Akhdar, e I.G. Alhindawy, Análise abrangente dos efeitos de Mo e Co na síntese, estrutura e propriedades de proteção contra radiações de compósitos à base de TiO2. Progresso em Energia Nuclear. 169: p. 105105, (2024). https://doi.org/ 10.1016/j.pnucene.2024.105105

- M.A. Eldoma, N. Zouli, G.A. Elawadi, M.A. Mahmoud, I.Y. Qudsieh, O.Y. Bakather, M. Hassan, M.S. Alomar, A.F.F. Abouatiaa, S.E.F. Hegazi, Y.A. Elsheikh, K.A. Mahmoud, e I.G. Alhindawy, Utilizando um método hidrotérmico de um passo para o fabrico e avaliação das caraterísticas de proteção contra a radiação em zircónia dopada com Pb(ZrO3): síntese e caraterização. Jornal de Ciência dos Materiais. 59(8): p. 3253-3269, (2024).https://doi.org/10.1007/s10853-024-09419-5

- I.G. Alhindawy, M.W. Marashdeh, M.J. Aljaafreh, M. Al-Hmoud, S. Alanazi, e K. Mahmoud, Materiais avançados de proteção contra radiações: Cerâmicas de zircónia dopadas com PbO2 sintetizadas através do inovador método sol-gel. Nuclear Engineering and Technology. 56(7): p. 2444-2451, (2024). https://doi.org/10.1016/ j.net.2024.02.001

- W.M. Youssef, M.M. El-Maadawy, A.M. Masoud, I.G. Alhindawy, e A.E.M. Hussein, Uranium capture from aqueous solution using palm-waste based activated carbon: sorption kinetics and equilibrium. Monitorização e Avaliação Ambiental. 196(5): p. 428, (2024).https://doi.org/10.1007/s10661-024-12560-y

- K.A. Mahmoud, M.W. Marashdeh, M. Al-Hmoud, M.J. Aljaafreh, S. Alanazi, e I.G. Alhindawy, O potencial do bi2-xZrxO3+x/2@ZrO2 (BZO) como material de proteção contra radiações de peso elevado: Fabrico e caraterização utilizando uma técnica hidrotérmica diretamente a partir do mineral zircão. Progresso em Energia Nuclear. 172: p. 105216, (2024).https://doi.org/10.1016/j.pnucene.2024.105216

- D. Tolan, A. El-Sawaf, A.S.A. Ahmed, A. Nassar, N.M. Mohamed, I.G. Alhindawy, E.A. Elshehy e V. Utgikar, Enhanced photocatalytic activity of (In- Sr-P) tridoped TiO2/Bi2O3 composite loaded on mesoporous carbon: A facile solhydrothermal synthesis approach. Química e Física dos Materiais. 322: p. 129570, (2024).https://doi.org/10.1016/j.matchemphys.2024.129570

- I.G. Alhindawy, K.A. Mahmoud, M. Rashad, e M.I. Sayyed, Zirconium tungstate (Zr4W8O32)-doped zirconium dioxide (ZrO2) for gamma ray shielding: an in-depth examination of fabrication, characterizations, and gamma ray attenuation properties. Journal of Materials Science. 59(27): p. 12285-12304, (2024). https://doi.org/10.1007/s10853-024-09851-7

- M.S. Alomar, O.Y. Bakather, N. Zouli, M.A. Eldoma, M.A. Mahmoud, S. E. F. Hegazi, Z.M. Ahmed, D.A. Hassan, A.F.F. Abouatiaa, A. Al Askar, H.I. Mira, K.A. Mahmoud e I.G. Alhindawy, Solar-driven purification: Remoção de contaminantes farmacêuticos da água utilizando o fotocatalisador NASICON dopado com carbono. Ciência dos Materiais no Processamento de Semicondutores. 185: p. 108901, (2025).

- E.A. Elshehy, M.F. Cheira, I.G. Alhindawy, e A.S.A. Ahmed, 2 - Metodologia de síntese para o controlo do tamanho e da forma de materiais bidimensionais, em Functionalization of Two-Dimensional Materials and Their Applications, W.A. El- Sagid e N. Ghany, Editores. Woodhead Publishing. p. 19-57, (2024). https://doi.org/10.1016/B978-0-323-89955-0.00011-X

Livros publicados:

[1] . Fouad A. S. Soliman, Hamed I. E. Mira e Islam G. Alhindawy, "Photovoltaic cell Regenerations and their Developments Research", Livro publicado Lambert Academic Publishing, Omni - Scriptum, GmbH and Co. KG, setembro
2 024.
ISBN: 978-620-8-11919-5.
[2] . Fouad A. S. Soliman, Karima A. Mahmoud e Islam Al-hendawy, "Artificial Intelligence for Solar Energy Optimal Generation". Livro publicado Lambert Academic Publishing, Omni -Scriptum, GmbH and Co. KG, Nov. 2024.

ISBN: 978-3-659-75529-2.
[3] . Fouad Soliman, Karima A. Mahmoud, Islam Al-hindawy "All about Ground Solar Station Systems, Rooftop, Floating, and Space". Livro publicado Lambert Academic Publishing, Omni -Scriptum, GmbH and Co. KG, Nov. 2024.
ISBN: 978-620-4-98142-0.

Agradecimentos

Estamos ajoelhados em obediência a ALÁ, agradecendo-Lhe por me ter mostrado o caminho certo. Sem a ajuda de Deus, os nossos esforços ter-se-iam perdido. Foi com a graça de Deus que conseguimos alcançar este grande feito. Agradecemos também a uma pessoa que amamos muito, o Profeta Maomé (que Deus o louve e lhe dê paz).

Gostaríamos também de expressar a nossa mais profunda gratidão a:

-   **Nuclear Materials Authority, Cairo, Egito.**
Funcionário dos diferentes sectores.

-   **Women College for Arts, Science, and Education, Universidade de Ain-shams, Cairo, Egito**
Membros do pessoal do Departamento de Física e do Laboratório de Investigação em Eletrónica.

-   **Centro Nacional de Investigação e Tecnologia das Radiações, Cairo, Egito Membros do pessoal do Departamento de Física das Radiações.**

-   **Membros do pessoal do Centro Egípcio de Estudos Económicos, Investigação Científica e Ambiental e Desenvolvimento.**

Resumo

O presente trabalho está principalmente interessado na ciência e nas tecnologias subjacentes à produção de hidrogénio verde, explorando o processo de eletrólise e os avanços na tecnologia de electrolisadores que estão a melhorar a sua eficiência e escalabilidade. Além disso, o estudo ilustra os desafios relacionados com a produção de hidrogénio, incluindo o seu elevado custo em comparação com as fontes de energia convencionais, e os obstáculos técnicos, económicos e infra-estruturais envolvidos na produção e distribuição em grande escala. Onde se constata que, apesar de todos os desafios descritos, o hidrogénio verde tem a maior possibilidade de contribuir significativamente para as estratégias de descarbonização nacionais e globais, apoiado por políticas governamentais, acordos internacionais e investimento crescente no mercado.

Além disso, o trabalho apresentado investiga os impactos ambientais e económicos do hidrogénio verde, analisando o seu ciclo de vida, os benefícios da sustentabilidade e o potencial de criação de emprego, desenvolvimento de infra-estruturas e expansão do mercado. A partir daí, torna-se claro que o futuro do hidrogénio verde depende da inovação tecnológica contínua, particularmente no armazenamento de hidrogénio, no transporte e nas aplicações de utilização final.

O papel da inteligência artificial e da aprendizagem automática na otimização dos processos de produção e distribuição de hidrogénio é também discutido como uma área-chave de crescimento futuro. Em conclusão, o hidrogénio verde está posicionado para ser uma pedra angular da transição para as energias limpas, com potencial para transformar os sistemas energéticos em todo o mundo e contribuir significativamente para alcançar os objectivos climáticos globais. Os esforços de investigação em colaboração, o apoio contínuo às políticas e os avanços tecnológicos são essenciais para ultrapassar os obstáculos à sua adoção generalizada e garantir a sua integração no cabaz energético global.

Por último, o hidrogénio verde surgiu como uma solução versátil e promissora em vários sectores, actuando como um catalisador para os esforços de descarbonização em todo o mundo. Ao aumentar a sua capacidade de armazenar e transportar energia de uma forma limpa e sustentável, espera-se que o hidrogénio verde desempenhe um papel central na descarbonização das indústrias, na transformação dos sistemas de transporte e até mesmo na viabilização de novas inovações tecnológicas. Segue-se uma exploração aprofundada das aplicações do hidrogénio verde em sectores-chave, incluindo a indústria, os transportes e as aplicações emergentes.

Palavras-chave

O hidrogénio verde está a ser rapidamente reconhecido como um elemento fundamental na transição global para sistemas energéticos limpos e sustentáveis, que são uma alternativa amiga do ambiente aos combustíveis fósseis tradicionais, produzidos através da eletrólise da água e alimentados por fontes de energia renováveis, como a energia solar, eólica e hidráulica, O hidrogénio azul desempenha um papel crucial na descarbonização de sectores difíceis de eletrificar diretamente, indústria pesada, siderurgia, fabrico, refinação e produção química, vários modos de transporte, aviação, transporte marítimo e veículos pesados, capacidade de integração de infra-estruturas de energia renovável, em particular solar e eólica, permite o armazenamento eficiente de energia, o equilíbrio da rede, oferecendo uma solução para a natureza intermitente das energias renováveis, geração, trabalho, aprofunda, na, ciência, tecnologias, por, trás, da, produção, de, hidrogénio, verde, explorando, eletrólise, processo, avanços, eletrolisador, tecnologia, melhorando, a, sua, eficiência, e, escalabilidade, também, examina, desafios, relacionados, com, a, produção, de, hidrogénio, incluindo, o, seu, custo, elevado, em, comparação, com, as, fontes, de, energia, convencionais, obstáculos, técnicos, económicos, infra-estruturais, envolvidos, na, produção, distribuição, em, larga escala, desprezam, estes, desafios, o hidrogénio verde tem, o, potencial, de contribuir, significativamente, para, estratégias, nacionais, globais, de descarbonização, apoiadas, políticas governamentais, acordos internacionais, aumentando, o, mercado, o, investimento, além disso, o documento investiga os impactos ambientais e económicos do hidrogénio verde, analisando o seu ciclo de vida, benefícios de sustentabilidade e potencial para a criação de emprego, desenvolvimento de infra-estruturas e expansão do mercado. Olhando para o futuro, o futuro do hidrogénio verde depende da inovação tecnológica contínua, particularmente no armazenamento de hidrogénio, transporte, aplicações de uso final, papel, inteligência artificial, aprendizagem de máquina, otimização, produção de hidrogénio, distribuição, processos, também, discutido, chave, área, crescimento futuro, conclusão, hidrogénio verde, posicionado, pedra angular, transição de energia limpa, potencial, transformar, sistemas de energia, em todo o mundo, contribuir, significativamente, alcançar, clima global, metas, colaborativo, esforços de investigação, Os esforços colaborativos de investigação, o apoio contínuo às políticas, os avanços tecnológicos são essenciais para ultrapassar as barreiras, a adoção generalizada, garantindo a integração no cabaz energético global. Além disso, a versatilidade do hidrogénio permite a sua integração sem problemas nos sistemas energéticos existentes, misturado, gás natural, gasodutos, utilizado, células de combustível, veículos eléctricos, armazenado, grandes quantidades, períodos, prolongados, ao contrário, das baterias, a adaptabilidade, torna, o hidrogénio, único, facilitador, da transição energética, colmatando, lacunas, em, vários, sectores e aplicações.

Índice

Sobre os autores 2

Agradecimentos 22

Resumo 23

Palavras-chave... 25

Capítulo 1: Hidrogénio verde: Uma revolução energética sustentável 28

Capítulo 2: Ciências subjacentes à produção de hidrogénio verde 36

Capítulo 3: Integração das energias renováveis na produção de hidrogénio ... 45

Capítulo 4: Aplicações do hidrogénio verde: Da indústria aos transportes 53

Capítulo 5: Políticas Globais e Tendências de Mercado do Hidrogénio Verde. 64

Capítulo 6: Desafios na produção de hidrogénio verde em grande escala 75

Capítulo 7: Perspectivas futuras: Inovações e avanços no hidrogénio verde ... 83

Capítulo 8: Impacto ambiental e económico do hidrogénio verde 99

Capítulo 9: O hidrogénio verde como pilar da transição para as energias limpas
.... 107

Capítulo 1: Hidrogénio verde: Uma revolução energética sustentável

1.1. Prefácio

O hidrogénio verde está a ser rapidamente reconhecido como um elemento fundamental na transição global para sistemas energéticos limpos e sustentáveis [1]. Sendo uma alternativa ecológica aos combustíveis fósseis tradicionais, é produzido através da eletrólise da água, alimentada por fontes de energia renováveis, como a energia solar, eólica e hidroelétrica. Este processo produz hidrogénio gasoso sem as emissões de gases com efeito de estufa associadas aos métodos convencionais de produção de hidrogénio, como o hidrogénio cinzento ou azul. O hidrogénio verde desempenha um papel crucial na descarbonização de sectores que são difíceis de eletrificar diretamente, como a indústria pesada (fabrico de aço, refinação e produção química) e vários modos de transporte (aviação, transporte marítimo e veículos pesados). A capacidade do hidrogénio verde para se integrar perfeitamente nas infra-estruturas de energias renováveis, em especial a solar e a eólica, permite um armazenamento de energia eficiente e o equilíbrio da rede, oferecendo uma solução para a natureza intermitente da produção de energias renováveis.

Este trabalho investiga a ciência e as tecnologias subjacentes à produção de hidrogénio verde, explorando o processo de eletrólise e os avanços na tecnologia de electrolisadores que estão a melhorar a sua eficiência e escalabilidade. Também examina os desafios relacionados com a produção de hidrogénio, incluindo o seu elevado custo em comparação com as fontes de energia convencionais e os obstáculos técnicos, económicos e infra-estruturais envolvidos na produção e distribuição em grande escala. Apesar destes desafios, o hidrogénio verde tem o potencial de contribuir significativamente para as estratégias de descarbonização nacionais e globais, apoiadas por políticas governamentais, acordos internacionais e investimentos crescentes no mercado [2].

Além disso, o documento investiga os impactos ambientais e económicos do hidrogénio verde, analisando o seu ciclo de vida, os benefícios da sustentabilidade e o potencial de criação de emprego, desenvolvimento de infra-estruturas e expansão do mercado. Olhando para o futuro, o futuro do hidrogénio verde depende da inovação tecnológica contínua, particularmente no armazenamento de hidrogénio, transporte e aplicações de utilização final. O papel da inteligência artificial e da aprendizagem automática na otimização dos processos de produção e distribuição de hidrogénio é também discutido como uma área-chave de crescimento futuro. Em conclusão, o hidrogénio verde está posicionado para ser uma pedra angular da transição para as energias limpas, com potencial para transformar os sistemas energéticos em todo o mundo e contribuir significativamente para alcançar os objectivos climáticos globais. Os esforços de investigação em colaboração, o apoio contínuo às políticas e os avanços tecnológicos são essenciais para ultrapassar as barreiras à sua adoção generalizada e garantir a sua integração no cabaz energético global.

1.2. Visão geral do hidrogénio verde como solução de energia limpa

O hidrogénio verde, frequentemente aclamado como o "combustível do futuro", representa um caminho transformador para alcançar um sistema energético sustentável. Ao contrário dos combustíveis fósseis convencionais, que libertam quantidades significativas de gases com efeito de estufa (GEE) durante a combustão, o hidrogénio verde é produzido inteiramente a partir de fontes de energia renováveis, como a energia eólica, solar ou hidroelétrica, através de um processo conhecido como eletrólise. Este processo divide a água (H_2O) em hidrogénio (H_2) e oxigénio (O_2) utilizando eletricidade e, quando a eletricidade utilizada provém de fontes renováveis, o hidrogénio resultante é isento de carbono, o que o torna ecológico [1].

O apelo do hidrogénio verde reside na sua versatilidade e escalabilidade. Pode ser utilizado como combustível limpo para os transportes, como portador de energia para o armazenamento de eletricidade e como matéria-prima para processos industriais. Além disso, tem o potencial de descarbonizar sectores que são difíceis de eletrificar diretamente, como a indústria pesada (produção de aço e cimento), os transportes de longo curso (aviação e navegação) e os processos de aquecimento a alta temperatura. Estas qualidades fazem do hidrogénio verde uma pedra angular nos esforços globais de transição para uma economia de baixo carbono e de combate às alterações climáticas [2].

Os benefícios ambientais do hidrogénio verde vão para além da sua produção. Ao contrário dos combustíveis fósseis, a combustão do hidrogénio produz apenas vapor de água como subproduto, eliminando poluentes nocivos como os óxidos de azoto (NOx) e as partículas (PM), que são os principais contribuintes para a poluição do ar e as doenças respiratórias. Assim, a adoção generalizada do hidrogénio verde tem o potencial de melhorar os resultados em termos de saúde pública, para além de combater as alterações climáticas [3].

1.3. Importância do hidrogénio no contexto das transições energéticas globais

A transição energética global é impulsionada pela necessidade urgente de reduzir as emissões de gases com efeito de estufa e limitar os impactos das alterações climáticas. O hidrogénio, enquanto vetor energético, desempenha um papel fundamental nesta transição devido à sua capacidade de [4]

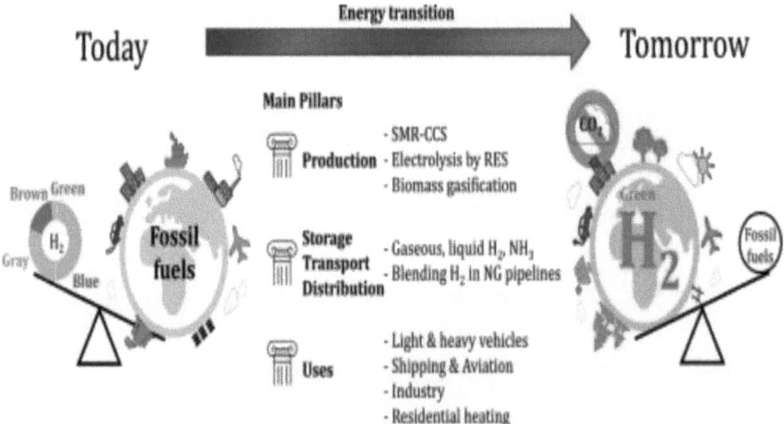

- **Facilitar a descarbonização profunda:** O hidrogénio verde pode substituir os combustíveis fósseis em sectores difíceis de abater, proporcionando uma via para reduções significativas das emissões onde a eletrificação, por si só, é insuficiente.

- **Aumentar a segurança energética:** Ao produzir hidrogénio localmente utilizando recursos renováveis abundantes, os países podem reduzir a sua dependência de combustíveis fósseis importados e diversificar o seu cabaz energético.

- **Apoiar a estabilidade e o armazenamento da rede:** O hidrogénio pode atuar como uma solução de armazenamento de energia a longo prazo, absorvendo o excesso de eletricidade gerada pelas energias renováveis durante os períodos de baixa procura e libertando-a quando necessário, resolvendo assim a intermitência das fontes de energia renováveis.

- **Promover o crescimento económico:** Prevê-se que a economia do hidrogénio gere oportunidades económicas substanciais, incluindo a criação de emprego na indústria transformadora, o desenvolvimento de infra-estruturas e a inovação nas tecnologias do hidrogénio.

A Agência Internacional de Energia (AIE) e outras organizações mundiais salientaram o papel central do hidrogénio na obtenção de emissões líquidas nulas até meados do século. De acordo com o Conselho do Hidrogénio, a adoção generalizada do hidrogénio poderia reduzir as emissões globais de CO_2 até 6 gigatoneladas por ano até 2050, contribuindo significativamente para os objectivos do Acordo de Paris [4].

Além disso, a versatilidade do hidrogénio permite-lhe integrar-se sem problemas nos sistemas energéticos existentes. Pode ser misturado com o gás natural em condutas, utilizado em células de combustível para veículos eléctricos e armazenado em grandes quantidades durante longos períodos, ao contrário das baterias. Esta adaptabilidade faz do hidrogénio um facilitador único da transição energética, colmatando lacunas em vários sectores e aplicações.

1.4. Comparação do hidrogénio verde com outras formas

O hidrogénio é classificado em várias "cores" com base no seu método de produção e no impacto ambiental associado, como mostra **o Quadro 1**. As formas primárias incluem **[5-7]** :

1.4.1. Hidrogénio cinzento

- **Processo de produção:** O hidrogénio cinzento é produzido através da reforma do metano a vapor (SMR) do gás natural, em que o metano reage com vapor a alta pressão e temperatura para produzir hidrogénio e dióxido de carbono (CO_2).

- **Impacto ambiental:** O processo gera emissões significativas de CO_2, o que faz do hidrogénio cinzento a forma menos sustentável. Por cada quilograma de hidrogénio produzido, são libertados cerca de 9-12 quilogramas de CO_2.

- **Custo:** O hidrogénio cinzento é atualmente a forma mais barata de hidrogénio devido à tecnologia estabelecida e à disponibilidade de gás natural. No entanto, o seu custo ambiental é elevado, uma vez que depende inteiramente de combustíveis fósseis.

1.4.2. Hidrogénio azul

- **Processo de produção:** À semelhança do hidrogénio cinzento, o hidrogénio azul também é derivado do gás natural através da SMR, mas incorpora tecnologias de captura, utilização e armazenamento de carbono (CCUS) para evitar que a maior parte das emissões de CO_2 entre na atmosfera.

- **Impacto ambiental:** Embora menos poluente do que o hidrogénio cinzento, o hidrogénio azul não é totalmente isento de carbono, uma vez que as tecnologias CCUS normalmente capturam apenas 85-95% das emissões, podendo ocorrer algumas fugas de metano durante a extração de gás natural. Além disso, a fiabilidade a longo prazo do armazenamento de CO_2 continua a ser uma preocupação.

- **Custo:** O hidrogénio azul é mais caro do que o hidrogénio cinzento devido aos custos adicionais associados à CCUS. No entanto, é visto como uma solução transitória para reduzir as emissões a curto e médio prazo.

1.4.3. Hidrogénio verde

- **Processo de produção:** O hidrogénio verde é produzido através da eletrólise da água alimentada inteiramente por fontes de energia renováveis, o que o torna um processo de emissão zero. Os recentes avanços na tecnologia de electrolisadores, como os electrolisadores de óxido sólido e de membrana de permuta de protões (PEM), melhoraram a eficiência e reduziram o consumo de energia.

- **Impacto ambiental:** É a forma mais sustentável de hidrogénio, uma vez que não depende de combustíveis fósseis e não produz emissões de gases com efeito de estufa durante a produção. Além disso, o hidrogénio verde apoia a economia circular, utilizando o excesso de energia renovável que, de outra forma, poderia ser desperdiçada.

- **Custo:** O hidrogénio verde é atualmente mais caro do que o hidrogénio cinzento e azul devido aos elevados custos dos electrolisadores e das energias renováveis. No entanto, com os avanços tecnológicos, as economias de escala e a diminuição dos custos das energias renováveis, espera-se que o hidrogénio verde atinja a paridade de custos num futuro próximo. Por exemplo, alguns estudos estimam que o hidrogénio verde poderá atingir 1,50 dólares/kg até 2030 em regiões com recursos renováveis abundantes.

Quadro 1: Hidrogénio cinzento, azul e verde

Aspect	Grey Hydrogen	Blue Hydrogen	Green Hydrogen
Primary Input	Natural gas	Natural gas	Water and renewable electricity
Production Process	Steam methane reforming (SMR)	SMR with carbon capture (CCUS)	Water electrolysis
Carbon Emissions	High	Low (with CCUS)	Zero
Cost (current)	Low	Moderate	High
Sustainability	Unsustainable	Partially sustainable	Fully sustainable
Scalability	High	Moderate	High (with infrastructure)

O hidrogénio verde oferece uma via para descarbonizar os sistemas energéticos e atingir os objectivos climáticos. Embora enfrente desafios relacionados com o custo e a escalabilidade, os seus benefícios ambientais e a sua versatilidade fazem dele um componente crítico da revolução da energia limpa. À medida que os esforços globais para combater as alterações climáticas se intensificam, o hidrogénio verde deverá desempenhar um papel cada vez mais proeminente na construção de um futuro sustentável. Com as políticas, investimentos e inovações tecnológicas certas, a economia do hidrogénio verde pode abrir oportunidades sem precedentes para um mundo mais limpo e mais resistente.

1.5. Referências

[1] . A. Franco e C. Giovannini, Recent and Future Advances in Water Eletrólise para a produção de hidrogénio verde: Análise Crítica e Perspectivas. Sustainability. **15**(24): p. 16917, (2023).
[2] . D.K. Madheswaran, R. Krishna, I. Colak, e J. Saravanan, Green hidrogénio: Preparar o caminho para a revolução da descarbonização da Índia. Environmental Science and Pollution Research, (2024).
[3] . I. Marouani, T. Guesmi, B.M. Alshammari, K. Alqunun, A. Alzamil, M.
Alturki, e H. Hadj Abdallah, Integration of Renewable-Energy-Based Green Hydrogen into the Energy Future. Processes. **11**(9): p. 2685, (2023).

[4] . P. Cheekatamarla, Hydrogen and the Global Energy Transition-Path to
Sustentabilidade e adoção em todos os sectores económicos. Energias.

17(4): p. 807, (2024).
[5] . I.B. Ocko e S.P. Hamburg, Climate consequences of hydrogen emissions.
Atmos. Chem. Phys. **22**(14): p. 9349-9368, (2022).
[6] . A.O. Oni, K. Anaya, T. Giwa, G. Di Lullo, e A. Kumar, Comparative avaliação do hidrogénio azul proveniente da reforma do metano a vapor, da reforma autotérmica e das tecnologias de decomposição do gás natural para as regiões produtoras de gás natural. Conversão e gestão de energia. **254**: p. 115245, (2022).
[7] . I. Imbayah, M. Hasan, H. El-Khozondare, M. Khalee, A. Alsharif, e A.A.
Ahmed, Review paper on green hydrogen production, storage, and utiliza= Tion techniques in Libya. Jornal de Energia Solar e Desenvolvimento Sustentável. **13**(1): p. 1-21, (2024).

Capítulo 2: Ciências subjacentes à produção de hidrogénio verde

2.1. Eletrólise da água
2.1.1. Processo e tecnologia

A eletrólise da água é o processo fundamental para a produção de hidrogénio verde. Este método envolve a divisão das moléculas de água em hidrogénio (H2) e oxigénio (O2) utilizando energia eléctrica. A tecnologia central utilizada para este processo é um eletrolisador, que contém dois eléctrodos (um ânodo e um cátodo) submersos num eletrólito. Quando é aplicada uma corrente eléctrica, as moléculas de água dissociam-se nos **eléctrodos [1-3]** :

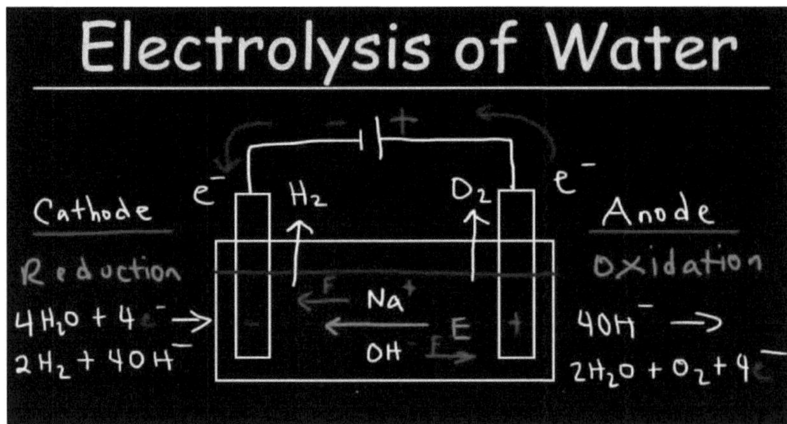

- No ânodo (elétrodo positivo): A água é oxidada para produzir oxigénio gasoso e iões de hidrogénio (protões):

- No cátodo (elétrodo negativo): Os iões de hidrogénio são reduzidos para formar hidrogénio gasoso:

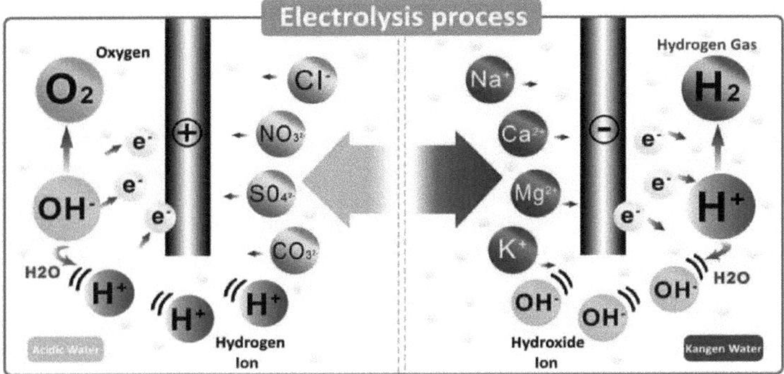

A reação global é:

Existem três tipos principais de electrolisadores, cada um com caraterísticas distintas

2.1.1.1. Electrolisadores alcalinos

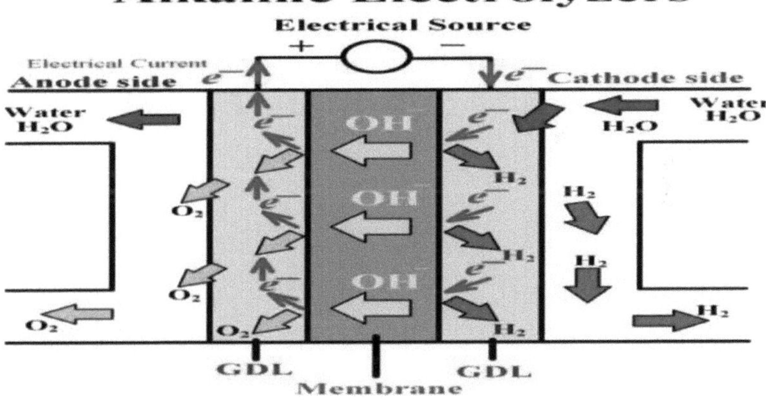

- **Tecnologia:** Utilizar um eletrólito alcalino líquido, como o hidróxido de potássio (KOH) ou o hidróxido de sódio (NaOH).

- **Vantagens:** Tecnologia madura com baixos custos de capital e elevada durabilidade.

- **Limitações:** Funcionam a densidades de corrente mais baixas e requerem água purificada para evitar a contaminação.

2.5.1.2. Electrolisadores de membrana permutadora de protões (PEM)

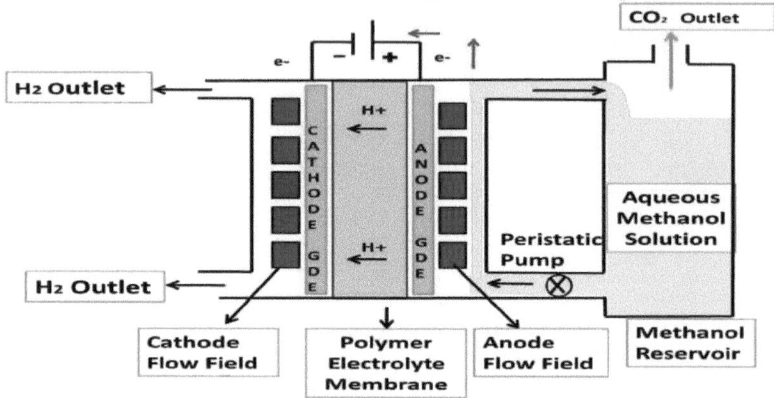

- **Tecnologia:** Utilizar um eletrólito de polímero sólido que conduza protões do ânodo para o cátodo.

- **Vantagens:** Design compacto, elevada densidade de corrente e resposta rápida a flutuações de potência.

- **Limitações:** Custos mais elevados devido à utilização de metais preciosos como a platina e o irídio como catalisadores.

2.5.1.3. Electrolisadores de óxido sólido (SOEC)

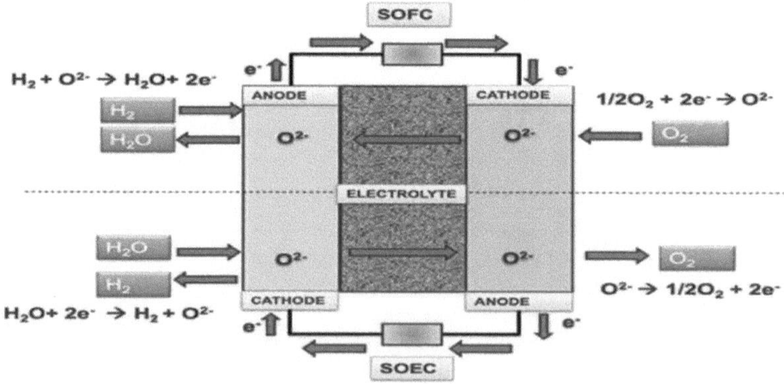

- **Tecnologia:** Funciona a altas temperaturas (700-1.000°C) utilizando um eletrólito cerâmico sólido.

- **Vantagens:** Elevada eficiência devido à utilização de energia térmica para além da energia eléctrica.

- **Limitações:** Requerem temperaturas elevadas e estão ainda na fase inicial de comercialização.

A eletrólise representa um método limpo e escalável para a produção de hidrogénio, particularmente quando alimentado por fontes de energia renováveis. No entanto, a investigação em curso visa melhorar a sua eficiência, reduzir os custos e aumentar a durabilidade dos electrolisadores.

2.6. O papel das fontes de energia renováveis na alimentação da eletrólise

A produção de hidrogénio verde depende da disponibilidade de fontes de energia renováveis, uma vez que estas são essenciais para garantir a sustentabilidade e a natureza de emissão zero do processo. As duas principais fontes renováveis utilizadas são a energia eólica e a energia solar [4-7].

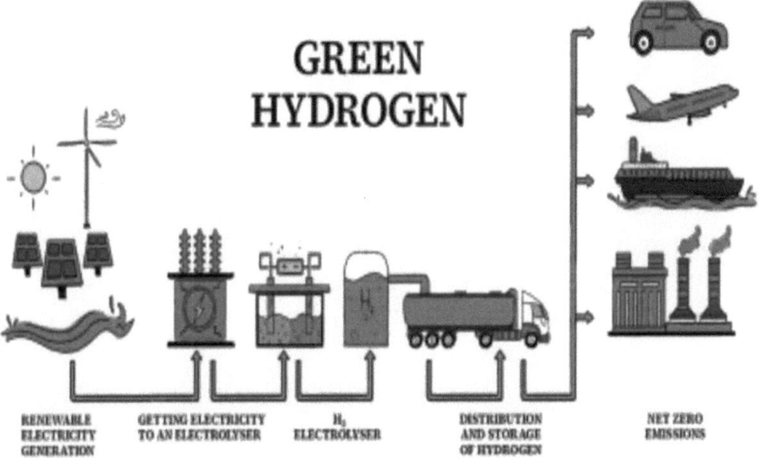

2.6.1. Energia solar

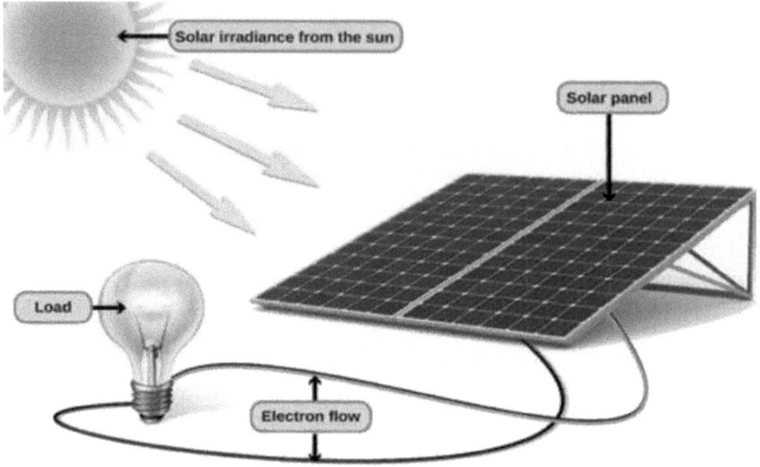

- **Fornecimento direto de energia:** Os painéis solares fotovoltaicos (PV) convertem a luz solar em eletricidade, que é depois utilizada para alimentar os electrolisadores.

- **Integração:** Os parques solares podem ser co-localizados com instalações de electrolisadores, reduzindo as perdas e os custos de transmissão.

- **Desafios:** A energia solar é intermitente e depende das condições climatéricas e das horas de luz do dia. São frequentemente necessárias soluções de armazenamento de energia ou sistemas híbridos para garantir um fornecimento contínuo de energia.

2.6.2. Energia eólica

- **Aplicações onshore e offshore:** As turbinas eólicas aproveitam a energia cinética do vento para gerar eletricidade para a eletrólise.

- **Vantagens:** A energia eólica é abundante em muitas regiões, particularmente ao largo, onde prevalecem velocidades de vento mais elevadas.

- **Desafios:** Tal como a energia solar, a energia eólica é variável, necessitando de medidas de estabilização da rede ou de armazenamento de hidrogénio para fazer face às flutuações.

2.7. Energia hidroelétrica e geotérmica

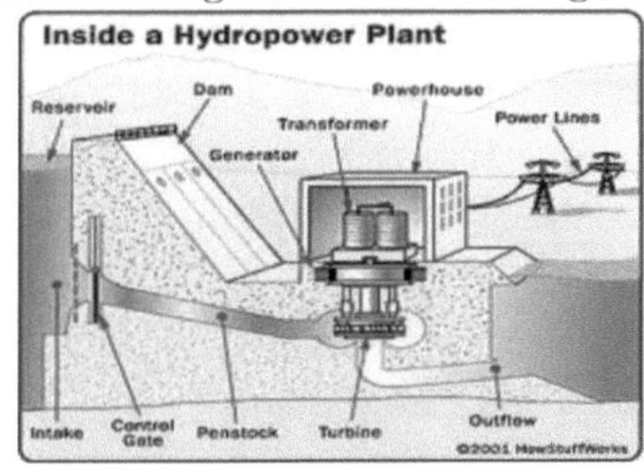

Embora menos comum, a energia hidroelétrica e a energia geotérmica também podem ser utilizadas para alimentar os electrolisadores. Estas fontes fornecem uma produção de energia mais consistente, reduzindo a necessidade de sistemas de armazenamento.

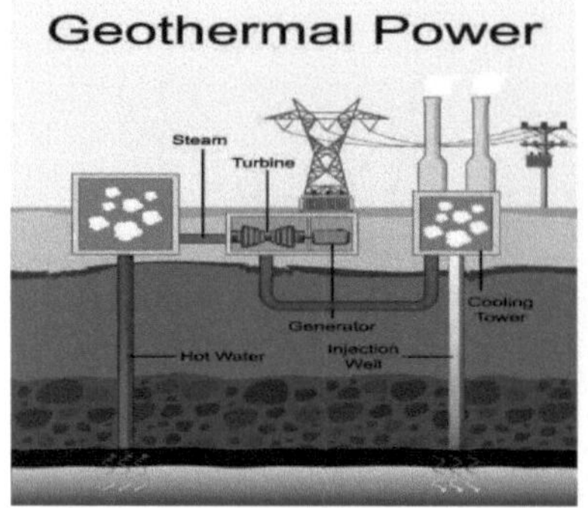

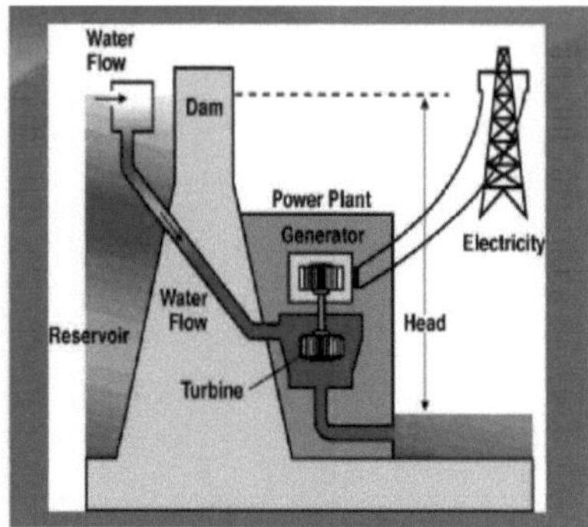

A integração das energias renováveis com a eletrólise não só garante a sustentabilidade da produção de hidrogénio, como também proporciona um mecanismo para utilizar o excesso de energia renovável durante os períodos de baixa procura. Esta abordagem ajuda a evitar o corte de energia e aumenta a eficiência global dos sistemas de energias renováveis.

2.7. Desafios técnicos e avanços na tecnologia de electrolisadores

Embora o potencial do hidrogénio verde seja imenso, é necessário enfrentar vários desafios técnicos para aumentar a escala de produção e reduzir os custos. Estes desafios, juntamente com os avanços recentes, incluem **[8-11]** :

2.8.1. Eficiência e procura de energia

- **Desafio:** A eletrólise é um processo que consome muita energia, com eficiências actuais que variam entre 60% e 80%. Melhorar esta eficiência é crucial para reduzir os custos de produção.

- **Avanços:** A investigação sobre catalisadores avançados, tais como ligas de metais não preciosos, tem-se revelado promissora na redução das perdas de energia durante a reação.

2.8.2. Custo dos electrolisadores

- **Desafio:** Os elevados custos de capital, em especial das tecnologias PEM e SOEC, impedem a sua adoção generalizada.

- **Avanços:** O aumento da escala dos processos de fabrico e a utilização de materiais alternativos para catalisadores e membranas conduziram a reduções de custos. Os governos e as entidades privadas estão a investir em fábricas de electrolisadores à escala de gigawatts para obter economias de escala.

2.8.3. Durabilidade e tempo de vida

- **Desafio:** Os electrolisadores sofrem desgaste ao longo do tempo devido a factores como a degradação do elétrodo e a incrustação da membrana.

- **Avanços:** Estão a ser desenvolvidos novos revestimentos e materiais de membrana com maior estabilidade química e térmica para prolongar o tempo de vida operacional dos electrolisadores.

2.8.4. Necessidades de água

- **Desafio:** A eletrólise necessita de água purificada e a produção em grande escala pode afetar os recursos hídricos em regiões áridas.

- **Avanços:** Estão a ser exploradas tecnologias como a eletrólise da água do mar e sistemas de reciclagem de água para resolver esta questão.

2.8.5. Integração com as energias renováveis

- **Desafio:** A variabilidade na produção de energia renovável pode afetar a eficiência operacional dos electrolisadores.

- **Avanços:** Os sistemas híbridos que combinam a produção de hidrogénio com o armazenamento de baterias ou as tecnologias de redes inteligentes permitem uma melhor gestão das flutuações de energia.

2.8.6. Escalabilidade e infraestrutura

- **Desafio:** A criação de infra-estruturas para a produção, armazenamento e distribuição de hidrogénio verde continua a ser um obstáculo significativo.

- **Avanços:** Os projectos de electrolisadores modulares e os sistemas de produção descentralizados estão a surgir como soluções para reduzir os estrangulamentos da infraestrutura e os desafios de transporte.

2.8. O futuro da tecnologia de eletrólise

As tecnologias emergentes, como a separação fotoelectroquímica (PEC) da água e as abordagens biomiméticas, visam revolucionar a produção de hidrogénio, combinando a eletrólise com métodos inovadores de captação de energia. Os sistemas PEC utilizam diretamente a energia solar para impulsionar a separação da água sem necessidade de eletricidade externa, reduzindo potencialmente os custos e a complexidade.

Além disso, a inteligência artificial (IA) e a aprendizagem automática estão a ser cada vez mais aplicadas para otimizar as operações do eletrolisador, prever as necessidades de manutenção e conceber novos materiais para um melhor desempenho. Estes desenvolvimentos indicam um futuro brilhante para a tecnologia do hidrogénio verde, com potencial para ultrapassar as actuais limitações e impulsionar uma revolução energética sustentável [12, 13].

Capítulo 3: Integração das energias renováveis na produção de hidrogénio

3.1. Integração do hidrogénio verde na infraestrutura das energias renováveis

A produção de hidrogénio verde representa uma ligação crítica entre a produção de energias renováveis e os sistemas energéticos sustentáveis. O processo de eletrólise, que é fundamental para a produção de hidrogénio verde, pode ser alimentado diretamente por fontes de energia renováveis, como a energia solar, eólica, hidroelétrica e mesmo geotérmica. Esta integração permite que o excesso de energia renovável, que de outra forma poderia ser desperdiçado durante períodos de baixa procura de eletricidade, seja convertido em hidrogénio e armazenado para utilização posterior [14, 15].

3.1.1. Produção descentralizada

- As centrais de hidrogénio verde podem ser localizadas perto de parques de energias renováveis, como instalações eólicas ou solares. Esta proximidade minimiza as perdas de transmissão e maximiza a eficiência da utilização da energia.

A produção descentralizada de hidrogénio também apoia sistemas de energia localizados, reduzindo a dependência de redes centralizadas e aumentando a segurança energética em áreas remotas.

3.1.2. Conectividade da rede

- Os electrolisadores podem atuar como uma carga flexível na rede eléctrica, absorvendo o excesso de energia renovável durante os períodos de pico de produção. Isto ajuda a estabilizar a rede e evita a redução da energia renovável.

- As centrais de hidrogénio verde também podem ser integradas em micro-redes, fornecendo uma fonte de energia de reserva durante as interrupções da rede ou períodos de elevada procura.

3.1.3. Acoplamento do sector

- A integração do hidrogénio verde permite o acoplamento setorial, em que a eletricidade renovável está ligada a vários sectores, como os transportes, a indústria e o aquecimento. Esta abordagem alarga o impacto das energias renováveis para além da produção de eletricidade.

3.2. A sinergia entre os sistemas solar, eólico e de hidrogénio

A combinação de sistemas solares, eólicos e de hidrogénio cria uma poderosa sinergia que aumenta a fiabilidade e a eficiência das redes de energias renováveis. Cada fonte de energia tem caraterísticas únicas que complementam as outras, e o hidrogénio actua como um meio versátil para as interligar [16, 17].

3.2.1. Energia solar e hidrogénio

- A energia solar fornece energia abundante durante o dia, mas a sua disponibilidade é limitada à noite e durante o tempo nublado. Os electrolisadores podem converter o excesso de energia solar em hidrogénio durante o dia, permitindo o armazenamento de energia para utilização nocturna.

- Os sistemas solares para hidrogénio podem ser concebidos com tanques de armazenamento integrados e células de combustível para criar soluções energéticas auto-sustentáveis e fora da rede.

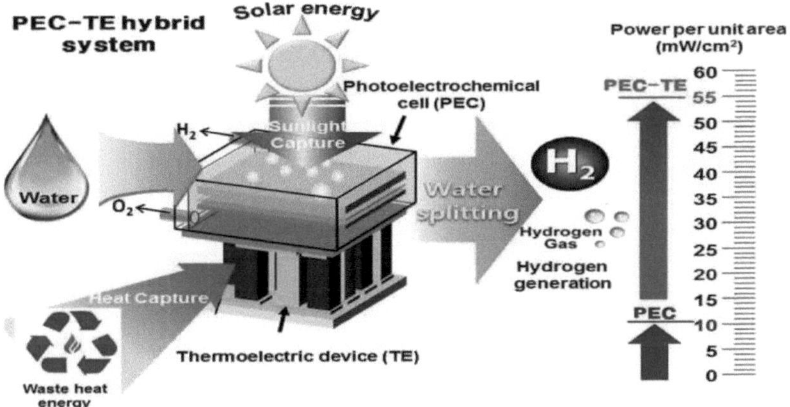

3.2.2. Energia eólica e hidrogénio

- A produção de energia eólica tende a ser mais consistente do que a solar, particularmente em regiões com padrões de vento fortes e constantes. Os parques eólicos offshore, em particular, oferecem factores de capacidade elevados.

- As instalações de produção de hidrogénio podem ser co-localizadas com parques eólicos para aproveitar a natureza intermitente da energia eólica, convertendo o excesso de eletricidade em hidrogénio durante os períodos de vento forte.

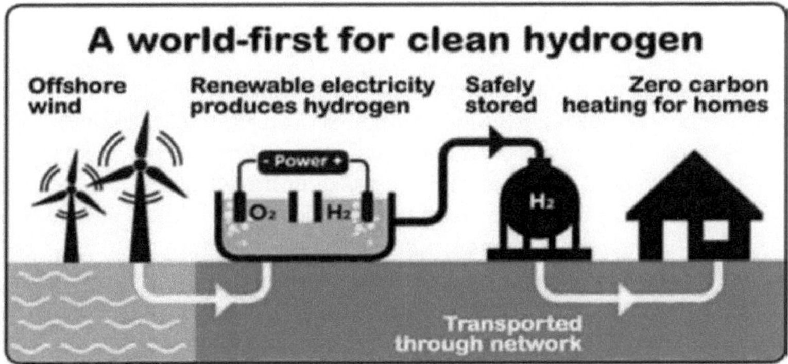

3.2.2. Sistemas híbridos

- A combinação da energia solar e eólica com a produção de hidrogénio cria sistemas híbridos que atenuam a variabilidade de cada fonte individual. Quando a produção solar é baixa, a energia eólica pode compensar, e vice-versa.

- O armazenamento de hidrogénio fornece um amortecedor para gerir as flutuações, assegurando um fornecimento estável de energia.

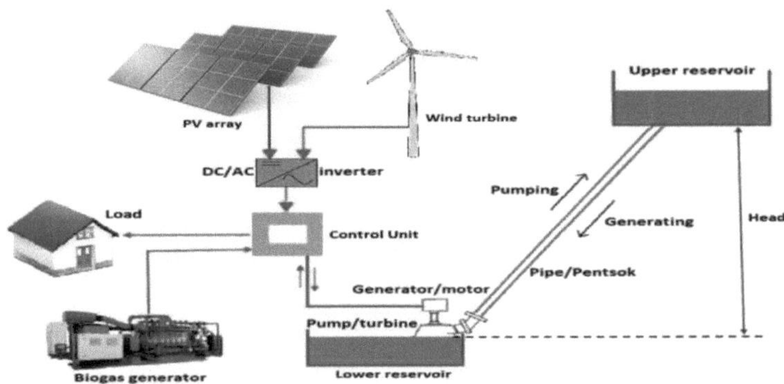

3.3. Desafios do armazenamento e do equilíbrio da rede

Embora o hidrogénio verde apresente um potencial imenso, a sua integração em sistemas de energias renováveis não está isenta de desafios. A resolução destas questões é fundamental para aumentar a produção de hidrogénio e assegurar a sua utilização eficaz no equilíbrio da rede e no armazenamento de energia [18-23].

3.3.1. Desafios de armazenamento

- Métodos de armazenamento do hidrogénio: O hidrogénio pode ser armazenado como gás comprimido, líquido criogénico ou em compostos químicos como o amoníaco ou hidretos metálicos. Cada método apresenta desafios técnicos e económicos específicos, incluindo perdas de energia e custos de infra-estruturas.
- Escala e segurança: O armazenamento de hidrogénio em grande escala exige um investimento significativo em infra-estruturas, como cavernas subterrâneas ou tanques pressurizados. As considerações de segurança, incluindo a inflamabilidade do hidrogénio e o potencial de fugas, exigem normas rigorosas de conceção e funcionamento.

3.3.2. Desafios do equilíbrio da rede

- Intermitência das energias renováveis: As fontes de energia renováveis, como a solar e a eólica, são inerentemente variáveis. Esta variabilidade cria desafios na correspondência entre a oferta e a procura, particularmente durante períodos de baixa produção ou de elevado consumo.

- **Tempo de resposta do eletrolisador:** Os electrolisadores devem ser capazes de responder rapidamente às flutuações da produção de energia renovável. O desenvolvimento de electrolisadores com capacidade de arranque e paragem rápidos é essencial para uma integração eficaz na rede.

- **Compatibilidade das infra-estruturas:** As redes eléctricas e os gasodutos de hidrogénio existentes têm de ser adaptados ou expandidos para acomodar o duplo fluxo de eletricidade e hidrogénio. Isto inclui a modernização das linhas de transporte e a construção de redes de distribuição específicas para o hidrogénio.

3.3.3. Considerações económicas e políticas

- **Custos iniciais elevados:** A integração da produção de hidrogénio com as energias renováveis exige um investimento inicial substancial em infra-estruturas, incluindo electrolisadores, sistemas de armazenamento e redes de transporte.

- **Incentivos e regulamentos:** As políticas, subsídios e incentivos governamentais desempenham um papel crucial na promoção da adoção de tecnologias de hidrogénio verde. São necessários quadros regulamentares claros para garantir a segurança e a normalização.

3.4. Direcções e soluções futuras

A fim de superar estes desafios e libertar todo o potencial da integração das energias renováveis com a produção de hidrogénio verde, estão a ser desenvolvidos vários avanços e estratégias [24-27]:

3.5.1. Tecnologias avançadas de armazenamento de hidrogénio

- A investigação centra-se no desenvolvimento de materiais de armazenamento de alta densidade, tais como estruturas metal-orgânicas (MOF) e transportadores líquidos avançados que podem armazenar o hidrogénio de forma mais eficiente e segura.

3.5.2. Tecnologias de rede inteligente

- A integração de tecnologias de redes inteligentes com instalações de produção de hidrogénio pode otimizar o fluxo de energia, prever padrões de procura e gerir as flutuações das energias renováveis em tempo real.

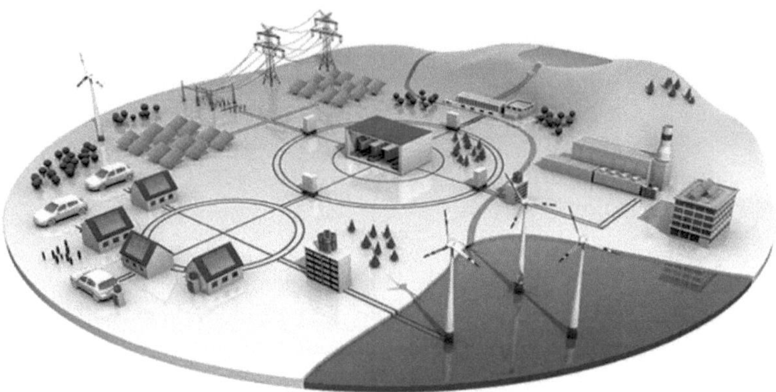

3.5.3. Modelos de gémeos digitais

- Os modelos de gémeos digitais estão a ser utilizados para simular o desempenho dos sistemas de hidrogénio em vários cenários, ajudando os operadores a otimizar as estratégias de produção, armazenamento e distribuição.

3.5.4. Centrais híbridas de hidrogénio renovável

- A combinação de fontes de energia renováveis com instalações de produção e armazenamento de hidrogénio co-localizadas assegura uma conversão de energia sem descontinuidades e minimiza as perdas de transmissão.

3.5.5. Apoio à política

- Os governos de todo o mundo estão a implementar políticas para apoiar o desenvolvimento de infra-estruturas de hidrogénio, incluindo o financiamento da investigação, incentivos fiscais e mandatos para a adoção do hidrogénio verde nos sectores industriais e dos transportes.

Ao enfrentar estes desafios e aproveitar as sinergias entre os sistemas solar, eólico e de hidrogénio, o hidrogénio verde pode servir como pedra angular da transição energética global, garantindo um futuro energético fiável, sustentável e descarbonizado.

3.6. Referências

[1] . S. Samsatli e N.J. Samsatli, The role of renewable hydrogen and inter-
Armazenamento sazonal na descarbonização do calor - Otimização abrangente das futuras cadeias de valor das energias renováveis. Energia Aplicada. **233**: p. 854-893, (2019).
[2] . Y. Hui, M. Wang, S. Guo, S. Akhtar, S. Bhattacharya, B. Dai e J. Yu, Revisão global do desenvolvimento e das aplicações das tecnologias energéticas do hidrogénio na China para a neutralidade do carbono: Avanços e desafios tecnológicos. Energy Conversion and Management. **315**: p. 118776 (2024).
[3] . M. Moreno-Benito, P. Agnolucci, e L.G. Papageorgiou, Towards a economia sustentável do hidrogénio: Quadro baseado na otimização para o desenvolvimento de infra-estruturas de hidrogénio. Computadores e Engenharia Química. **102**: p. 110-127 (2017).

[4] . M. Reuß, T. Grube, M. Robinius, e D. Stolten, Uma cadeia de abastecimento de hidrogénio
 com resolução espacial: Análise comparativa das tecnologias de infra-estruturas na Alemanha. Applied Energy. **247**: p. 438-453 (2019).
[5] . M.J.M. BERMEJO, Investigação sobre pilhas de combustível e hidrogénio na Europa
        União. 2004 DOE Hydrogen and Fuel Cell Program Review (2004).
[6] . U. Bossel e B. Eliasson, Energy and the hydrogen economy. Metanol
        Institute, Arlington, VA (2003).
[7] . H. Ma, Z. Sun, Z. Xue, C. Zhang, e Z. Chen, Uma revisão sistémica de
 cadeia de abastecimento de hidrogénio na transição energética. Frente. Energy. 2022;17(1):102- 22. doi: 10.1007/s11708-023-0861-0. Epub 2023 Feb 28.
[8] . M.P. Maniscalco, S. Longo, M. Cellura, G. Miccichè, e M. Ferraro,

Revisão crítica da avaliação do ciclo de vida das vias de produção de hidrogénio. Ambiente. **11**(6): p. 108 (2024).

[9] . A. Züttel, A. Remhof, A. Borgschulte e O. Friedrichs, Hydrogen: the futuro vetor energético. Philosophical Transactions of the Royal Society A: Mathematical, Physical and Engineering Sciences. **368**(1923): p. 3329-3342 (2010).

[10] . I. Staffell, D. Scamman, A.V. Abad, P. Balcombe, P.E. Dodds, P. Ekins, N.
Shah, e K.R. Ward, The role of hydrogen and fuel cells in the global

Capítulo 4: Aplicações do hidrogénio verde: Da indústria aos transportes

4.1. Prefácio

O hidrogénio verde surgiu como uma solução versátil e promissora em vários sectores, actuando como um catalisador para os esforços de descarbonização em todo o mundo. Ao alavancar a sua capacidade de armazenar e transportar energia de forma limpa e sustentável, espera-se que o hidrogénio verde desempenhe um papel central na descarbonização das indústrias, na transformação dos sistemas de transporte e até mesmo na viabilização de novas inovações tecnológicas. Segue-se uma exploração aprofundada das aplicações do hidrogénio verde em sectores-chave, incluindo a indústria, os transportes e as aplicações emergentes [1-6].

4.2. Utilizações industriais do hidrogénio verde

O hidrogénio verde está preparado para revolucionar vários processos industriais que dependem tradicionalmente dos combustíveis fósseis. Os principais sectores industriais que beneficiam desta mudança incluem o fabrico de aço, a refinação e a produção química. Ao substituir o hidrogénio intensivo em carbono derivado do gás natural por hidrogénio limpo gerado a partir de energias renováveis, as indústrias podem reduzir significativamente as suas pegadas de carbono [7-11].

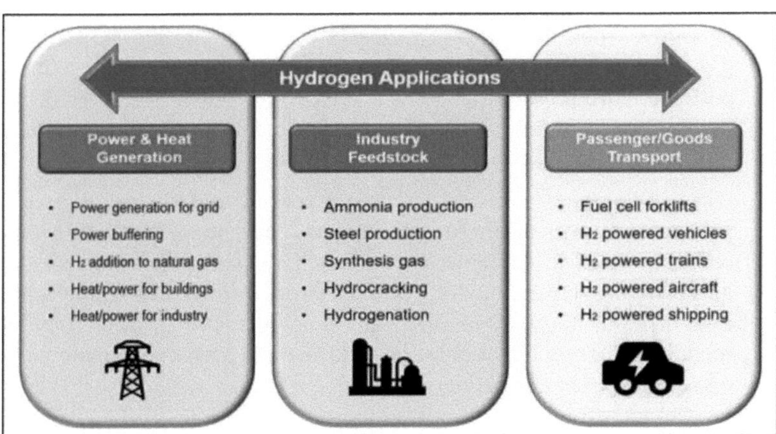

4.2.1. Fabrico de aço

- **Hidrogénio como agente redutor:** A indústria siderúrgica é um dos sectores com maior consumo de energia a nível mundial, principalmente devido à dependência do coque (derivado do carvão) como agente redutor no processo do alto-forno. Este processo resulta em emissões significativas de dióxido de carbono. O hidrogénio verde oferece uma alternativa, em que o hidrogénio é utilizado para reduzir o minério de ferro a ferro, libertando vapor de água em vez de dióxido de carbono.

- **Processo de Redução Direta (DR):** O método de redução direta é considerado a via mais promissora para descarbonizar a produção de aço. Utilizando hidrogénio verde, as fábricas de aço podem implementar a técnica de redução direta do ferro (DRI), em que o hidrogénio substitui o coque na redução do minério de ferro. Esta abordagem reduz significativamente as emissões de CO_2, e estão em curso vários projectos-piloto para provar a sua viabilidade comercial.

- **Produção de aço com hidrogénio:** Empresas como a SSAB, a H2 Green Steel e a ArcelorMittal já estão a testar o hidrogénio verde em fábricas de aço. Por exemplo, a SSAB tem estado envolvida na produção de "aço verde" na sua fábrica piloto na Suécia, com o objetivo de eliminar as emissões de carbono no fabrico de aço até 2045.

4.2.2. Refinação de petróleo

- **O hidrogénio como matéria-prima limpa:** A indústria de refinação utiliza o hidrogénio no processo de dessulfuração para remover o enxofre do petróleo bruto e refiná-lo em vários produtos, incluindo gasolina, gasóleo e combustível para aviões. Atualmente, a maior parte do hidrogénio utilizado na refinação é produzido a partir do gás natural (um processo conhecido como reforma do metano a vapor ou SMR), que emite quantidades significativas de CO_2.

- **Hidrogénio verde para refinação:** A utilização de hidrogénio verde produzido através de eletrólise alimentada por energia renovável pode reduzir significativamente as emissões de carbono associadas ao processo de refinação. As principais refinarias estão a explorar a integração do hidrogénio verde nas suas operações, especialmente à medida que o combustível hidrogénio se torna uma opção mais viável e sustentável para as refinarias.

4.2.3. Produção química

- **Produção de amoníaco:** O processo Haber-Bosch, utilizado para produzir amoníaco a partir de azoto e hidrogénio, é responsável por uma grande parte das emissões industriais mundiais. Tradicionalmente, o hidrogénio é produzido a partir do gás natural neste processo, que consome muita energia e tem um elevado teor de carbono. O hidrogénio verde oferece uma solução mais limpa. Ao gerar hidrogénio a partir de energia renovável, a produção de amoníaco pode tornar-se um processo com baixo teor de carbono.

- **Outros produtos químicos:** O hidrogénio é também utilizado na produção de vários produtos químicos, como o metanol, que pode ser utilizado como matéria-prima para plásticos ou como combustível. O hidrogénio verde está a ganhar atenção como matéria-prima sustentável para a produção destes produtos químicos, contribuindo para a transição para uma economia circular.

4.3. Hidrogénio verde no sector dos transportes

O sector dos transportes é um dos que mais contribui para as emissões globais de gases com efeito de estufa, em particular no transporte rodoviário, na aviação e no transporte marítimo. O hidrogénio verde representa uma oportunidade para descarbonizar estes sectores difíceis de eletrificar, fornecendo uma fonte de combustível eficiente e limpa. A elevada densidade energética do hidrogénio e os tempos de reabastecimento rápidos fazem dele uma alternativa ideal aos combustíveis fósseis tradicionais, especialmente em aplicações em que os veículos eléctricos a bateria (VE) ainda não são práticos ou eficientes [12-19].

4.3.1. Células de combustível em veículos

- **Veículos eléctricos a pilhas de combustível (FCEV):** As células de combustível verdes alimentadas a hidrogénio estão a emergir como uma tecnologia chave para descarbonizar o sector dos transportes rodoviários. Num FCEV, o hidrogénio é armazenado em tanques e introduzido numa célula de combustível, onde reage com o oxigénio para produzir eletricidade, sendo o vapor de água o único subproduto. Esta tecnologia pode ser utilizada numa vasta gama de veículos, incluindo automóveis de passageiros, autocarros, camiões e até comboios.

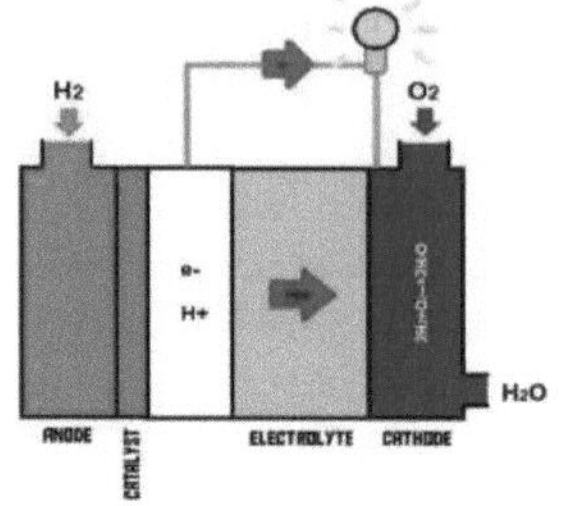

- **Veículos comerciais e pesados:** Uma das principais vantagens das células de combustível de hidrogénio em relação às baterias é a sua capacidade de proporcionar uma maior autonomia e tempos de reabastecimento mais rápidos. Isto torna o hidrogénio particularmente atrativo para camiões de longo curso, autocarros e comboios, onde as longas distâncias e a elevada procura de energia tornam as baterias menos viáveis. Empresas como a Hyundai, a Toyota e a Nikola estão a desenvolver ativamente veículos comerciais movidos a hidrogénio, incluindo camiões e autocarros.

- **Automóveis de passageiros:** Vários fabricantes de automóveis, incluindo a Toyota (Mirai), a Hyundai (Nexo) e a Honda (Clarity), já lançaram veículos de passageiros movidos a hidrogénio. Estes veículos oferecem distâncias de condução mais longas do que a maioria dos veículos eléctricos a bateria (EV) e tempos de reabastecimento mais curtos, o que os torna ideais para determinados mercados, especialmente em regiões com infra-estruturas de reabastecimento de hidrogénio adequadas.

4.3.2. Expedição

- **Hidrogénio como combustível marítimo:** O sector marítimo é outra área com um potencial de descarbonização significativo. Os navios, especialmente os que operam em rotas internacionais, dependem fortemente do fuelóleo, que emite grandes quantidades de CO_2. O hidrogénio verde pode ser utilizado como combustível limpo para o transporte marítimo, quer em células de combustível de hidrogénio, quer sendo convertido em amoníaco ou combustíveis sintéticos.

- **Navios movidos a hidrogénio:** Empresas como a MAN Energy Solutions e a Wartsila estão a trabalhar no desenvolvimento de motores movidos a hidrogénio para a navegação. Além disso, o primeiro ferry movido a hidrogénio, "Hydra", foi lançado na Noruega, demonstrando a viabilidade do hidrogénio como combustível marítimo. À medida que a produção de hidrogénio verde aumenta, o seu papel na descarbonização da indústria naval global irá aumentar.

4.3.3. Aviação

- **Aeronaves movidas a hidrogénio:** A aviação é um dos sectores mais difíceis de descarbonizar devido às elevadas necessidades energéticas dos voos de longa distância. O hidrogénio oferece uma solução ideal para a aviação, uma vez que proporciona uma elevada densidade energética e pode ser armazenado na forma líquida a baixas temperaturas, o que o torna adequado para utilização em aeronaves.

- **Hidrogénio em motores de aviões:** Várias empresas, incluindo a Airbus e a ZeroAvia, estão a investigar aeronaves movidas a hidrogénio. A Airbus está a desenvolver o conceito "ZEROe", que prevê um avião de passageiros movido a hidrogénio para utilização comercial até 2035. Os aviões movidos a hidrogénio poderão reduzir significativamente as emissões do sector da aviação, que atualmente representa cerca de 2-3% das emissões globais de CO_2.

- **Infraestrutura de abastecimento de hidrogénio para a aviação:** Os aeroportos e as autoridades aeronáuticas terão de investir em infra-estruturas de reabastecimento de hidrogénio para apoiar esta transição. À medida que a produção de hidrogénio aumenta e são construídas estações de reabastecimento, a aviação movida a hidrogénio pode tornar-se uma parte importante dos esforços globais para descarbonizar as viagens aéreas.

4.4. Sectores emergentes e aplicações do hidrogénio verde

Embora os sectores industrial e dos transportes sejam atualmente o principal foco das aplicações do hidrogénio verde, vários sectores emergentes estão também a explorar o seu potencial. Estas novas aplicações poderão reforçar ainda mais o papel do hidrogénio na transição energética **[20-28]**.

4.4.1. Produção de energia

- **O hidrogénio como reserva limpa:** Para além de ser um combustível para os transportes, o hidrogénio tem potencial como fonte de energia de reserva para as redes eléctricas, especialmente em regiões com elevada penetração de energias renováveis. O hidrogénio verde pode ser utilizado em turbinas a gás ou células de combustível para gerar eletricidade durante períodos de baixa produção renovável (por exemplo, dias nublados ou ventos calmos). Isto garante um fornecimento contínuo de energia, especialmente para infra-estruturas críticas.

- **Armazenamento de energia e equilíbrio da rede:** As soluções de armazenamento de hidrogénio em grande escala, como o armazenamento subterrâneo de hidrogénio ou o armazenamento em cavernas salinas, podem ajudar a equilibrar a rede, armazenando o excesso de energia renovável e convertendo-a novamente em eletricidade quando necessário. Isto torna o hidrogénio uma ferramenta essencial para melhorar a estabilidade da rede e apoiar a integração de fontes de energia renováveis intermitentes.

4.4.2. Hidrogénio verde para combustíveis sintéticos

- **Produção de combustíveis sintéticos:** O hidrogénio verde pode ser combinado com o dióxido de carbono capturado da atmosfera ou de outras fontes para produzir combustíveis sintéticos, como a gasolina sintética, o gasóleo ou o querosene. Estes combustíveis podem ser utilizados em infra-estruturas e tecnologias existentes, incluindo motores de combustão interna e turbinas de aviação, proporcionando assim uma via para descarbonizar sectores que são mais difíceis de eletrificar.

- **Tecnologias Power-to-X:** A combinação de hidrogénio verde e CO_2 para a produção de combustíveis sintéticos insere-se no âmbito mais vasto das tecnologias Power-to-X (PtX). A PtX engloba a conversão do excesso de eletricidade renovável em hidrogénio, combustíveis sintéticos e produtos químicos, oferecendo uma solução flexível e escalável para a descarbonização.

4.4.3. Hidrogénio nas indústrias química e alimentar

- **Hidrogénio verde no processamento de alimentos:** O hidrogénio verde está a ser explorado como uma alternativa mais limpa em várias aplicações industriais para além da produção em grande escala. No sector da transformação de alimentos, o hidrogénio pode ser utilizado em processos como a hidrogenação (na produção de óleos e gorduras) e na produção de fertilizantes à base de amoníaco.

- **Descarbonizar a indústria química:** A indústria química, que é responsável por emissões substanciais de CO_2, está a voltar-se cada vez mais para o hidrogénio verde como matéria-prima limpa para a produção de vários produtos químicos. Ao substituir os combustíveis fósseis por hidrogénio verde, os produtores de produtos químicos podem reduzir significativamente as suas emissões e participar na transição para uma economia sustentável.

As aplicações do hidrogénio verde são vastas e crescentes nos sectores industrial, dos transportes e emergente. À medida que a tecnologia avança e a produção de hidrogénio verde ganha escala, o seu papel na descarbonização de indústrias difíceis de eletrificar e na redução das emissões dos transportes continuará a expandir-se. Além disso, o surgimento de novas aplicações, como a geração de energia e a produção de combustível sintético, garante que o hidrogénio continuará a ser uma parte essencial da transição energética global. Com um investimento contínuo, apoio político e inovação tecnológica, o hidrogénio verde está preparado para se tornar um pilar central no esforço global para atingir emissões líquidas nulas.

4.5. Referências

[1] . I. Staffell, D. Scamman, A.V Abad, P. Balcombe, P.E. Dodds, P. Ekins, N.
Shah, e K.R. Ward, The role of hydrogen and fuel cells in the global energy system. Energia e Ciência Ambiental. **12**(2): p. 463-491, (2019).
[2] . E. David, An overview of advanced materials for hydrogen storage (Uma visão geral dos materiais avançados para armazenamento de hidrogénio). Revista
de tecnologia de processamento de materiais. **162**: p. 169-177, (2005).
[3] . N.A. Ali e M. Ismail, Armazenamento avançado de hidrogénio do sistema Mg-Na-Al
sistema: Uma revisão. Journal of Magnesium and Alloys. **9**(4): p. 1111-1122, (2021).
[4] . A. Mileva, J. Johnston, J.H. Nelson, e D.M. Kammen, Power system equilíbrio para uma descarbonização profunda do sector da eletricidade. Applied Energy. **162**: p. 1001-1009, (2016).
[5] . G. Cipriani, V. Di Dio, F. Genduso, D. La Cascia, R. Liga, R. Miceli, e
G.R. Galluzzo, Perspective on hydrogen energy carrier and its automotive applications (Perspetiva sobre o vetor energético do hidrogénio e as suas aplicações automóveis). Revista Internacional de Energia do Hidrogénio. **39**(16): p. 84828494, (2014).
[6] . J. Urpelainen e T. Van de Graaf, The International Renewable Energy Agência: uma história de sucesso em matéria de inovação institucional? Acordos Ambientais Internacionais: Política, Direito e Economia. **15**: p. 159-177, (2015).
[7] . M. Economics, Industrial transformation 2050: Pathways to net-zero da indústria pesada da UE. Instituto da Universidade de Cambridge para Liderança em Sustentabilidade (CISL): Cambridge, Reino Unido, (2019).
[8] . R. Borup, T. Krause e J. Brouwer, Hydrogen is essential for industry and
descarbonização dos transportes. The Electrochemical Society Interface. **30**(4): p. 79, (2021).
[9] . S. Griffiths, B.K. Sovacool, J. Kim, M. Bazilian e J.M. Uratani, Descarbonização industrial através do hidrogénio: Uma análise crítica e sistemática dos desenvolvimentos, sistemas sociotécnicos e opções políticas. Investigação energética e ciências sociais. **80**: p. 102208, (2021).
[10] . Y. Kloo, L.J. Nilsson, e E. Palm, Reaching net-zero in the chemical

indústria - Um estudo dos roteiros para a descarbonização industrial.
Transição para as energias renováveis e sustentáveis. **5**: p. 100075, (2024).
[11] . C. Smith, A.K. Hill, e L. Torrente-Murciano, Papel atual e futuro da
O amoníaco Haber-Bosch numa paisagem energética sem carbono. Energy
& Environmental Science. **13**(2): p. 331-344, (2020).
[12] . M. Bonci, Simulação de veículos a pilhas de combustível: uma
abordagem baseada no Toyota Mirai.
Politecnico di Torino, 2021.
[13] . D. Hart, S. Jones, e J. Lewis, The fuel cell industry review 2020.
(2020).
[14] . B.L. Salvi e K. Subramanian, Sustainable development of road
sector dos transportes com recurso ao sistema energético do hidrogénio.
Renewable and Sustainable Energy Reviews. **51**: p. 1132-1155, (2015).
[15] . C.J. McKinlay, S. Turnock, e D. Hudson, A Comparison of
hydrogen and
amoníaco para os futuros combustíveis do transporte marítimo de longa
distância. (2020).
[16] . C.J. McKinlay, S.R. Turnock, e D.A. Hudson, Route to zero
emission
envio: Hidrogénio, amoníaco ou metanol? Jornal Internacional da Energia
do Hidrogénio. **46**(55): p. 28282-28297, (2021).
[17] . C. Dere, Tecnologia, adaptação e aplicação de motores alimentados
a hidrogénio
for Marine Engines, em Decarbonization of Maritime Transport. Springer.
p. 45-63, (2023).
[18] . D. Scholz. Conceção de aviões de passageiros a hidrogénio: quanto"
zero
em Hamburgo Aerospace Lecture Series 2020. 2020.
[19] . J. Miller e C. Façanha, Conselho Internacional para Transportes
Limpos
(ICCT). Washington DC (EUA), (2014).
[20] . N. Ma, W. Zhao, W. Wang, X. Li, e H. Zhou, Large scale of green
armazenamento de hidrogénio: Oportunidades e desafios. International
Journal of Hydrogen Energy. **50**: p. 379-396, (2024).
[21] . A.K. Sarker, A.K. Azad, M.G. Rasul, e A.T. Doppalapudi, Prospect
of
produção de hidrogénio verde a partir de fontes de energia renováveis
híbridas: Uma revisão. Energias. **16**(3): p. 1556, (2023).
[22] . C. Zou, J. Li, X. Zhang, X. Jin, B. Xiong, H. Yu, X. Liu, S. Wang,
Y. Li, e
L. Zhang, Situação industrial, progresso tecnológico, desafios e

perspectivas da energia do hidrogénio. Natural Gas Industry B. **9**(5): p. 427-447, (2022).

[23] . Y. Dou, L. Sun, J. Ren, e L. Dong, Opportunities and future challenges in
hydrogen economy for sustainable development, em Hydrogen economy. Elsevier. p. 537-569, (2023).

[24] . M. Genovese, A. Schlüter, E. Scionti, F. Piraino, O. Corigliano, e P. Fragiacomo, Power-to-hydrogen and hydrogen-to-X energy systems for the industry of the future in Europe. International Journal of Hydrogen Energy. **48**(44): p. 16545-16568, (2023).

[25] . J. Incer-Valverde, L.J. Patiño-Arévalo, G. Tsatsaronis, e T. Morosuk,
Power-to-X movido a hidrogénio: Estado da arte e avaliação multicritério de um caso de estudo. Conversão e gestão de energia. **266**: p. 115814, (2022).

[26] . M. Sterner e I. Stadler, Handbook of energy storage: Demanda, tecnologias, integração. Springer, (2019).

[27] . V. Singh, I. Dincer e M.A. Rosen, Life cycle assessment of ammonia production methods (Avaliação do ciclo de vida dos métodos de produção de amoníaco), em Exergetic, energetic and environmental dimensions (Dimensões energéticas, energéticas e ambientais). Elsevier. p. 935-959, (2018).

[28] . M. Ostadi, K.G. Paso, S. Rodriguez-Fabia, L.E. 0i, F. Manenti, e M. Hillestad, Process integration of green hydrogen: Descarbonização das indústrias químicas. Energias. **13**(18): p. 4859, (2020).

Capítulo 5: Políticas globais e tendências de mercado no hidrogénio verde

5.1. Prefácio

À medida que o hidrogénio verde emerge cada vez mais como um pilar fundamental na transição energética global, o papel das políticas governamentais, dos acordos internacionais e das tendências do mercado não pode ser sobrestimado. Os quadros políticos estratégicos, os incentivos financeiros e os esforços internacionais de colaboração são essenciais para impulsionar a adoção e a expansão das tecnologias do hidrogénio verde. Ao mesmo tempo, um panorama de mercado em rápida evolução, alimentado por investimentos crescentes e novas oportunidades comerciais, está a preparar o terreno para que o hidrogénio verde desempenhe um papel transformador na descarbonização das indústrias, transportes e produção de energia [1, 2].

5.2. Políticas governamentais, incentivos e internacionalização
Acordos de apoio ao hidrogénio verde

As políticas e incentivos governamentais são cruciais para acelerar o desenvolvimento e a implantação das tecnologias do hidrogénio verde. Estas políticas não só fornecem o apoio financeiro necessário, como também estabelecem os quadros regulamentares que facilitam a integração do hidrogénio verde nos sistemas energéticos nacionais [3-5].

5.3. Quadros de políticas nacionais

- **Estratégias para o hidrogénio:** Muitos países introduziram estratégias nacionais para o hidrogénio ou roteiros para delinear o caminho para a adoção do hidrogénio verde. Estas estratégias incluem normalmente objectivos ambiciosos para a produção de hidrogénio verde, o consumo e o desenvolvimento de infra-estruturas. Por exemplo, a Alemanha lançou a sua Estratégia Nacional para o Hidrogénio em 2020, com planos para produzir até 5 gigawatts (GW) de capacidade de hidrogénio verde até 2030, com o objetivo de ser um líder mundial na tecnologia do hidrogénio.

- **Incentivos ao hidrogénio verde:** Para incentivar a produção de hidrogénio verde, muitos governos estão a oferecer subsídios, créditos fiscais e apoio financeiro a empresas envolvidas em projectos de investigação, desenvolvimento e infra-estruturas de hidrogénio. Por exemplo, a União Europeia (UE) reservou um financiamento significativo para a investigação e infraestrutura do hidrogénio como parte do seu Acordo Verde, incluindo a Aliança do Hidrogénio, que procura promover o hidrogénio verde para a descarbonização industrial .

- **Políticas de exportação de hidrogénio:** Os países com abundantes recursos energéticos renováveis, como a Austrália e o Chile, estão a explorar o potencial de exportação de hidrogénio verde. Estão a ser elaboradas políticas nacionais para apoiar os centros de exportação de hidrogénio e estabelecer parcerias comerciais com regiões que necessitam de importações de energia limpa. A Austrália, por exemplo, pretende exportar hidrogénio verde para o Japão, Coreia do Sul e outras nações que estabeleceram objectivos ambiciosos de descarbonização.

5.4. Acordos internacionais e colaboração

- **Parcerias internacionais para o hidrogénio:** Os acordos internacionais de colaboração são essenciais para aumentar a tecnologia do hidrogénio e promover o comércio transfronteiriço. A União Europeia estabeleceu parcerias estratégicas com países como a Noruega, os EAU e a Austrália para importar hidrogénio verde e amoníaco, assegurando uma cadeia de abastecimento diversificada e fiável. Estes acordos incluem frequentemente projectos de infra-estruturas partilhadas e iniciativas de investigação destinadas a reduzir o custo da produção e do transporte de hidrogénio.

- **O Acordo de Paris e o papel do hidrogénio:** O hidrogénio verde ganhou uma força significativa como solução para alcançar os objectivos climáticos globais delineados no Acordo de Paris. À medida que as nações se esforçam por cumprir as suas metas de emissões líquidas nulas até 2050, o hidrogénio verde é cada vez mais visto como uma ferramenta indispensável para descarbonizar indústrias, sectores difíceis de eletrificar e proporcionar estabilidade à rede. No âmbito do Acordo de Paris, espera-se que o papel do hidrogénio seja fundamental para cumprir a meta de aquecimento global de 1,5°C, com vários países a estabelecerem metas de descarbonização a longo prazo relacionadas com o hidrogénio.

- **Iniciativas de Hidrogénio em Fóruns Multilaterais:** As organizações internacionais, como a Agência Internacional de

Energias Renováveis (IRENA) e a Clean Energy Ministerial, estão a liderar os esforços globais para criar um ambiente político coeso para a adoção do hidrogénio. Estão a promover a colaboração entre países, partes interessadas da indústria e investidores, ajudando a simplificar os processos regulamentares, a partilhar as melhores práticas e a construir cadeias de abastecimento globais de hidrogénio.

5.5. O papel do hidrogénio nas políticas nacionais e Estratégias globais de descarbonização

O hidrogénio verde é um componente integral de muitas estratégias nacionais e globais de descarbonização, oferecendo uma solução versátil para as emissões em sectores que são difíceis de eletrificar apenas com energias renováveis. A sua capacidade para descarbonizar vários sectores, incluindo a indústria pesada, os transportes e a produção de energia, torna-o um facilitador essencial da descarbonização profunda [8, 13-27].

5.5.1. Descarbonizar a indústria

- **Sectores intensivos em carbono:** O sector industrial, incluindo o aço, o cimento e os produtos químicos, é uma das principais fontes de emissões globais de CO_2. O hidrogénio verde pode ser utilizado como uma alternativa mais limpa ao carvão, ao coque e ao gás natural em processos industriais como a siderurgia, a produção de amoníaco e a refinação. Em sectores como o do aço, os processos de redução direta baseados no hidrogénio estão a ser ampliados, oferecendo uma via para a produção de aço com zero emissões de carbono. Países como a Suécia (através do projeto HYBRIT da SSAB) e a Alemanha estão a dar passos significativos na integração do hidrogénio verde nos seus processos industriais.

- **Objectivos de descarbonização da indústria pesada:** Os governos nacionais estão a definir metas específicas para o hidrogénio na indústria como parte dos seus objectivos de descarbonização a longo prazo. Por exemplo, o pacote Fit for 55 da União Europeia inclui planos para descarbonizar sectores industriais chave através da utilização de hidrogénio verde. Do mesmo modo, países como o Japão e a Coreia do Sul comprometeram-se a utilizar o hidrogénio para reduzir as emissões das indústrias pesadas, apoiando um esforço global de transição para uma produção com baixo teor de carbono.

5.5.2. Hidrogénio no sector dos transportes

- **Desafios da eletrificação dos transportes:** Embora os veículos eléctricos a bateria (VEs) tenham ganho força significativa no transporte de passageiros, continuam a existir desafios significativos na descarbonização de sectores como o transporte marítimo, a aviação e os camiões pesados. O hidrogénio oferece uma alternativa promissora para estes sectores devido à sua elevada densidade energética e à sua capacidade de ser utilizado em células de combustível para aplicações de longo alcance e de alta potência.

- **Hidrogénio na aviação e no transporte marítimo:** Várias estratégias nacionais de descarbonização estão a incluir o hidrogénio como um facilitador essencial na descarbonização da aviação e do transporte marítimo. A União Europeia estabeleceu objectivos ambiciosos para o hidrogénio na aviação, com destaque para o desenvolvimento de aeronaves movidas a hidrogénio e de infra-estruturas de abastecimento até 2035. Do mesmo modo, países como a Noruega e o Reino Unido estão a investir em navios movidos a hidrogénio e a criar infra-estruturas de reabastecimento ao longo das principais rotas marítimas.

- **Incentivos nacionais às pilhas de hidrogénio-combustível:** No sector dos transportes, muitos governos estão a introduzir incentivos, tais como subsídios e subvenções, para promover o desenvolvimento de veículos a pilhas de combustível a hidrogénio (FCV). O Japão, por exemplo, criou uma rede de "Auto-estradas do Hidrogénio", que inclui estações de reabastecimento de hidrogénio para veículos a pilhas de combustível, enquanto a Coreia do Sul lançou iniciativas semelhantes para promover o desenvolvimento de autocarros e camiões movidos a hidrógeno.

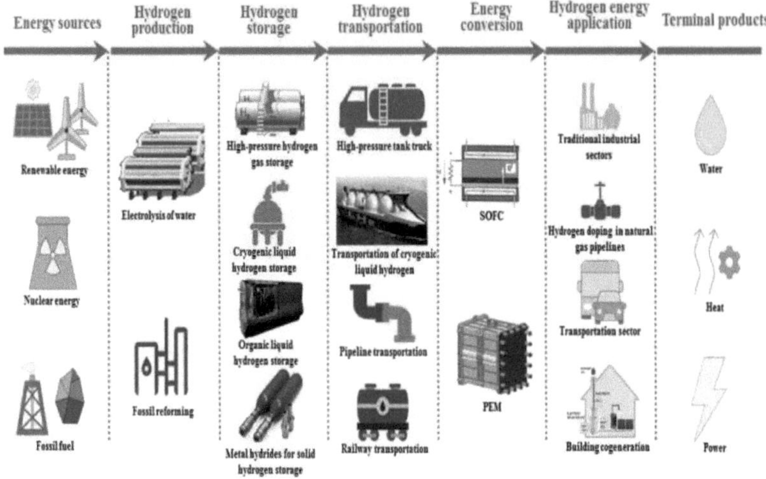

5.6. Equilíbrio da rede e armazenamento de energia

- **O hidrogénio como armazenamento de energia:** No contexto da integração das energias renováveis, o hidrogénio desempenha um papel fundamental no equilíbrio da rede e no armazenamento de energia. O hidrogénio verde pode ser produzido durante períodos de excesso de produção de energia renovável (por exemplo, quando a produção eólica ou solar excede a procura) e armazenado para utilização posterior. Os governos reconhecem cada vez mais o hidrogénio como um componente essencial dos sistemas energéticos que incorporam elevadas percentagens de fontes de energia renováveis variáveis.

- **Projectos de armazenamento de hidrogénio:** Os governos nacionais e regionais estão a financiar projectos de armazenamento de hidrogénio em grande escala para aumentar a fiabilidade da rede e a segurança energética. Na Europa, a Comissão Europeia está a financiar projectos de armazenamento de hidrogénio como parte do pacote "Energia Limpa para Todos os Europeus", que visa integrar o hidrogénio no cabaz energético mais vasto. Do mesmo modo, os Estados Unidos estão a explorar o hidrogénio como uma solução fundamental para o armazenamento sazonal de energia, particularmente em estados com abundantes recursos renováveis como a Califórnia e o Texas.

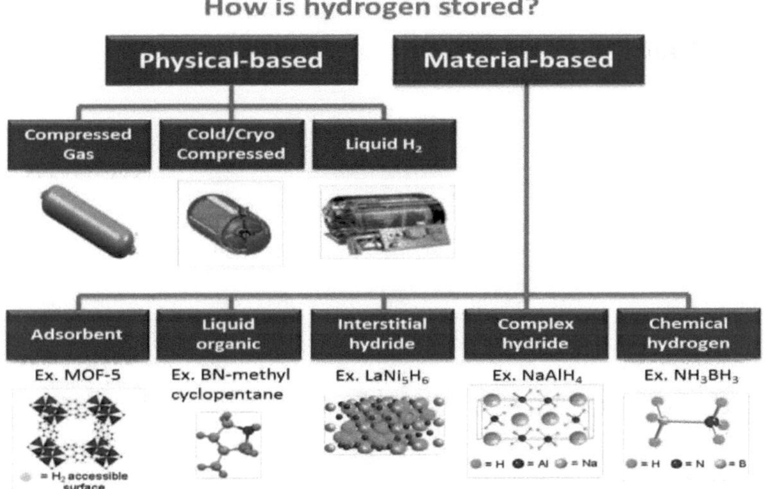

5.7. Previsões de mercado e tendências de investimento

O mercado do hidrogénio verde está a crescer rapidamente, com previsões que apontam para aumentos substanciais da capacidade de produção, desenvolvimento de infra-estruturas e avanços tecnológicos. Este crescimento é impulsionado pela confluência de políticas governamentais, investimentos do sector privado e a mudança global para as energias limpas [10, 15, 28-34].

5.7.1. Previsões de mercado

- Crescimento do mercado global de hidrogénio: De acordo com vários relatórios de pesquisa de mercado, espera-se que o mercado global de hidrogênio verde cresça a uma taxa composta de crescimento anual (CAGR) de mais de 30% nos próximos anos, com o tamanho do mercado projetado para atingir mais de US $ 200 bilhões em 2030. Espera-se que o foco crescente na descarbonização e na transição energética impulsione a demanda por hidrogênio verde, especialmente nos setores de indústria pesada e transporte.

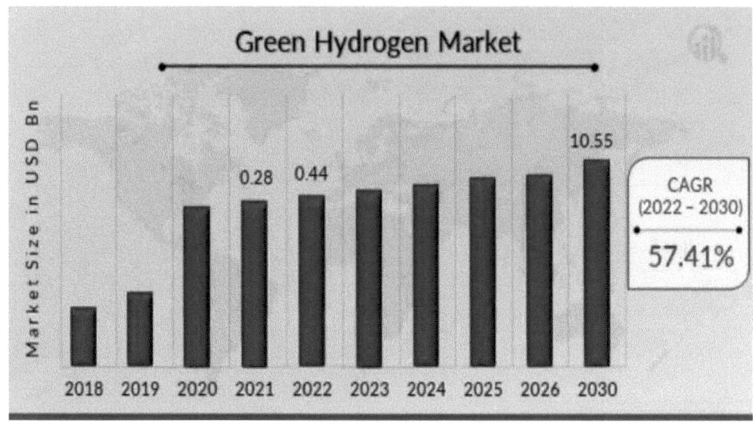

Paridade de custos do hidrogénio verde: Um dos principais motores do crescimento do mercado é a diminuição prevista do custo de produção do hidrogénio verde. À medida que a produção de energia renovável se torna mais barata e a tecnologia dos electrolisadores melhora, espera-se que o custo de produção do hidrogénio verde se torne competitivo em relação ao hidrogénio produzido a partir de combustíveis fósseis. Na década de 2030, o hidrogénio verde poderá atingir a paridade de custos com a produção tradicional de hidrogénio, tornando-o mais acessível para uma gama mais vasta de aplicações.

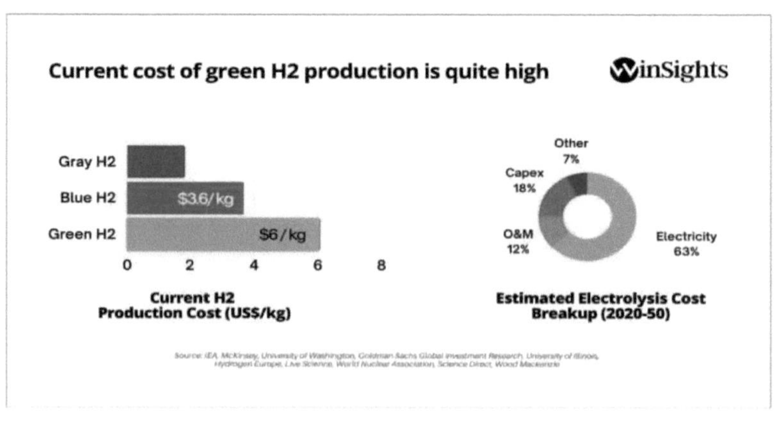

5.7.2. Tendências de investimento

- **Investimentos do sector privado:** Os investimentos significativos do sector privado estão a alimentar a rápida expansão das tecnologias do hidrogénio verde. Grandes empresas de energia, como a Shell, a BP e a TotalEnergies, comprometeram-se a investir milhares de milhões de dólares em projectos de hidrogénio, desde instalações de produção de hidrogénio verde até ao desenvolvimento de infra-estruturas. As empresas de capital de risco estão também a investir em novas empresas de hidrogénio centradas na tecnologia de eletrólise, células de combustível e soluções de armazenamento de hidrogénio [35].

- **Parcerias Público-Privadas:** Os governos estão a utilizar parcerias público-privadas para expandir as infra-estruturas de hidrogénio. Por exemplo, a iniciativa Hydrogen Backbone da UE visa criar uma rede de condutas de hidrogénio em toda a Europa, ligando os principais pólos industriais e locais de produção de energia renovável. Estão a surgir iniciativas semelhantes em países como a Austrália, onde o governo anunciou o financiamento do desenvolvimento de infra-estruturas de exportação de hidrogénio para apoiar a sua crescente indústria do hidrogénio.

- **Investimento em infra-estruturas de hidrogénio:** O desenvolvimento de infra-estruturas de hidrogénio, incluindo estações de reabastecimento, instalações de armazenamento e redes de transporte, é uma importante área de investimento. Em 2021, o Japão, por exemplo, anunciou planos para construir 100 estações de reabastecimento de hidrogénio até 2025, enquanto a Alemanha está a expandir a sua rede de reabastecimento de hidrogénio como parte da sua estratégia mais ampla para o hidrogénio.

O hidrogénio verde representa uma das soluções mais promissoras para alcançar os objectivos globais de descarbonização. Políticas nacionais, acordos internacionais e investimentos substanciais estão a impulsionar a economia do hidrogénio, com governos de todo o mundo a reconhecerem o papel fundamental do hidrogénio verde na descarbonização da indústria pesada, dos transportes e do armazenamento de energia. Como as previsões de mercado sugerem um crescimento rápido e as tendências de investimento continuam a acelerar, o futuro do hidrogénio verde é brilhante. A combinação de apoio governamental, avanços tecnológicos e incentivos orientados para o mercado abrirá caminho para que o hidrogénio verde se torne um ator-chave na transição global para um futuro energético sustentável e de baixo carbono.

5.8. Referências

[1] . R.E.S. IRENA, Agência Internacional para as Energias Renováveis. Abu Dhabi (2020).
[2] . H. Insights, A Perspective on Hydrogen Investment. Desenvolvimento do mercado
e competitividade de custos. **46** (2021).
[3] . Grupo C.E.C.H.W., Estratégia nacional da Austrália para o hidrogénio (2019).
[4] . R. Dickel, Blue hydrogen as an enabler of green hydrogen: the case of Alemanha. Documento OIES: NG (2020).
[5] . Comissão Europeia, Uma estratégia do hidrogénio para uma Europa com impacto neutro no clima. Global
Instituto CCS Melbourne, VIC, Austrália (2020).
[6] . B. Vivanco-Martin e A. Iranzo, Análise da estratégia europeia para o Hidrogénio: A Comprehensive Review. Energias. **16**(9): p. 3866 (2023).
[7] . E.L. Miller, D. Papageorgopoulos, N. Stetson, K. Randolph, D. Peterson, K.
Cierpik-Gold, A. Wilson, V. Trejos, J.C. Gomez e N. Rustagi, US Department of energy hydrogen and fuel cells program: progress, challenges and future diretions. MRS Advances. **1**(42): p. 2839-2855 (2016).
[8] . S. Satyapal, J. Petrovic, C. Read, G. Thomas, e G. Ordaz, The US Projeto Nacional de Armazenamento de Hidrogénio do Departamento de Energia: Progress towards meeting hydrogen-powered vehicle requirements (Progressos para satisfazer os requisitos dos veículos movidos a hidrogénio). Catalysis today.**120**(3-4): p. 246-256 (2007).
[9] . T. Longden, Analysis of the Australian Hydrogen Strategy (Análise da estratégia australiana para o hidrogénio). Periscópio
Série de Resumos de Análise Ocasional. **2** (2020).
[10] . S.K. Kar, A.S.K. Sinha, R. Bansal, B. Shabani e S. Harichandan, Panorama da economia do hidrogénio na Austrália. Wiley Interdisciplinary Reviews: Energia e Ambiente. **12**(1): p. e457 (2023).
[11] . R. Barra Novoa, Hidrogénio Verde no Chile: Uma análise exaustiva da sua
Papel na Transição Energética e no Desenvolvimento Sustentável. Disponível em SSRN 4961937 (2024).
[12] . M. León, J. Silva, R. Ortiz-Soto, e S. Carrasco, Um estudo técnico-

económico
para instalações de produção de hidrogénio verde fora da rede: O caso do
Chile. Energias. **16**(14): p. 5327 (2023).
[13] . H. Canton, International energy agency-IEA, in The Europa Diretory
of
International Organizations 2021. Routledge. p. 684-686 (2021).
[14] . I. Citaristi, International energy agency-iea, in The Europa diretory
of
organizações internacionais 2022. Routledge. p. 701-702 (2022).
[15] . O.A. Marzouk, Expectativas para o papel do hidrogénio e dos seus
derivados em
diferentes sectores através da análise dos quatro cenários energéticos: IEA-
STEPS, IEA-NZE, IRENA-PES, e IRENA-1.5 C. Energies. **17**(3): p. 646
(2024).
[16] . A. Öhman, E. Karakaya, e F. Urban, Enabling the transition to a
fossil- free steel sector: The conditions for technology transfer for
hydrogen-based steelmaking in Europe. Energy Research & Social Science.
84: p. 102384 (2022).
[17] . CE, "Fit for 55": Cumprir o objetivo climático da UE para 2030 a
caminho de
Neutralidade climática, em Comissão Europeia. p. 15 (2021).
[18] . R.C. Samsun, M. Rex, L. Antoni, e D. Stolten, Implantação de
células de combustível
veículos a hidrogénio e infra-estruturas de estações de reabastecimento de
hidrogénio: uma visão global e perspectivas. Energias. **15**(14): p. 4975
(2022).
[19] . H. Basma, Y. Zhou, e F. Rodríguez, Camiões de longo curso a
hidrogénio com células de combustível
na Europa: A total cost of ownership analysis. Conselho Internacional para
os Transportes Limpos: Washington, DC, EUA (2022).
[20] . T. Yusaf, A.S.F. Mahamude, K. Kadirgama, D. Ramasamy, K.
Farhana, H.A.
Dhahad, e A.R.A. Talib, Sustainable hydrogen energy in aviation-A
narrative review. International Journal of Hydrogen Energy. **52**: p.
10261045 (2024).
[21] . C.S. Botana, Analyzing the Introduction of Hydrogen-Powered
Aircraft in
Transporte aéreo de mercadorias.
[22] . R.L. Edwards, C. Font-Palma, e J. Howe, The status of hydrogen
tecnologias no Reino Unido: A multi-disciplinary review. Sustainable
Energy Technologies and Assessments. **43**: p. 100901 (2021).

[23] . J. Moura e I. Soares, Financiamento do hidrogénio com baixo teor de carbono: O papel do sector público
políticas e estratégias na UE, no Reino Unido e nos EUA. Green Finance. **5**(2): p. 265297 (2023).
[24] . E. Taibi, R. Miranda, W. Vanhoudt, T. Winkel, J.-C. Lanoix, e F. Barth,
Hidrogénio a partir de energias renováveis: Perspectivas tecnológicas para a transição energética (2018).
[25] . E. Asmelash, G. Prakash, R. Gorini, e D. Gielen, Role of IRENA for transição global para uma energia 100% renovável. Acelerar a transição para uma era de energias 100% renováveis: p. 51-71 (2020).
[26] . K. O'Malley, G. Ordaz, J. Adams, K. Randolph, C.C. Ahn, e N.T. Stetson,
Investigação e desenvolvimento aplicados ao armazenamento de hidrogénio: uma perspetiva do Departamento de Energia dos EUA. Journal of Alloys and Compounds. **645**: p. S419- S422 (2015).
[27] . L. Klebanoff e J. Keller, 5 Years of hydrogen storage research in the US
Centro de Excelência de Hidretos Metálicos do DOE (MHCoE). Jornal Internacional de Energia de Hidrogénio. **38**(11): p. 4533-4576 (2013).
[28] . N J. Feder, H2 economy: hype, horizon, or here? Journal of Petroleum
Tecnologia. **72**(08): p. 20-23 (2020).
[29] . J. Moore, N. Bullard e C.C. Officer, BNEF executive Factbook (2021).
[30] . P.M. Falcone, M. Hiete, e A. Sapio, Hydrogen economy and sustainable
objectivos de desenvolvimento: Revisão e perspectivas políticas. Opinião atual em química verde e sustentável
[31] . C. Bendea, A. Juaidi, G. Bendea, e T. Bungau, Green Hydrogen in Focus:
A Review of Production Technologies, Policy Impact, and Market Developments. Energias 2024, 17, 3992. 2024.
[32] . H. Council, Hydrogen insights 2022 (2022).
[33] . A. Wang, K. van der Leun, D. Peters, e M. Buseman, European hydrogen
espinha dorsal. Gasunie: Utrecht, Países Baixos (2020).
[34] . E. Ocenic, Trends in Hydrogen Production Projects for Energy and Climate
Objectivos - Uma análise descritiva da base de dados da AIE.

Capítulo 6: Desafios na produção de hidrogénio verde em grande escala

6.1. Prefácio

A produção e a adoção generalizada do hidrogénio verde enfrentam vários desafios significativos. Estes desafios abrangem uma série de aspectos técnicos, económicos e infra-estruturais, que devem ser abordados para permitir que o hidrogénio verde atinja a viabilidade comercial em grande escala. Apesar da promessa do hidrogénio verde como uma solução fundamental para descarbonizar o sistema energético, o aumento da sua produção exige a superação de numerosas barreiras. Esta secção explorará em profundidade esses desafios, incluindo o custo de produção em comparação com as fontes de energia convencionais e a dependência da economia do hidrogénio do apoio político e da inovação [1-16].

6.2. Técnicas, económicas e infra-estruturais
Obstáculos à produção em grande escala
6.2.1. Barreiras técnicas

- **Eficiência e custo do eletrolisador:** O método mais utilizado para produzir hidrogénio verde é a eletrólise, em que a eletricidade de fontes de energia renováveis é utilizada para dividir a água em hidrogénio e oxigénio. Embora este processo seja concetualmente simples, existem vários desafios técnicos que impedem a sua adoção generalizada. A eficiência dos electrolisadores, que convertem a eletricidade em hidrogénio, continua a ser um dos principais obstáculos. Embora a eficiência dos electrolisadores comerciais tenha melhorado ao longo dos anos, ainda há margem para melhorias tanto em termos de eficiência de conversão de energia como de longevidade [1].

  Além disso, o custo dos electrolisadores continua a ser elevado, especialmente para sistemas avançados como os electrolisadores de membrana permutadora de protões (PEM). Os materiais necessários para os electrolisadores, como a platina, o irídio e outros metais raros, contribuem significativamente para o elevado custo. Embora esteja em curso investigação para desenvolver materiais mais acessíveis e duradouros, conseguir reduções de custos nos electrolisadores continua a ser um desafio significativo.

- **Fornecimento de energia renovável para a eletrólise:** A produção de hidrogénio verde está intrinsecamente ligada à disponibilidade de energia renovável. A eletrólise requer um fornecimento constante e suficiente de eletricidade a partir de fontes renováveis, como a energia eólica, solar e hidroelétrica. Em regiões onde a energia renovável é intermitente, a falta de um fornecimento estável de energia pode levar a flutuações na produção de hidrogénio. Como tal, a integração da produção de hidrogénio verde na infraestrutura de energias renováveis exige avanços no armazenamento de energia, na integração da rede e nos mecanismos de equilíbrio para garantir um fornecimento consistente e fiável de eletricidade [2, 3].

- **Armazenamento e distribuição de hidrogénio:** O armazenamento e o transporte eficiente do hidrogénio é outro desafio técnico fundamental. O hidrogénio tem uma baixa densidade energética, o que significa que tem de ser comprimido a altas pressões, liquefeito a temperaturas extremamente baixas ou armazenado em compostos químicos. Cada um destes métodos de armazenamento apresenta o seu próprio conjunto de desafios, incluindo perdas de energia durante a compressão ou liquefação, preocupações de segurança e a necessidade de infra-estruturas especializadas. Além disso, a infraestrutura necessária para o transporte de hidrogénio - seja através de condutas, camiões ou navios - tem de ser significativamente expandida para acomodar fluxos de hidrogénio em grande escala.

A fuga de hidrogénio durante o armazenamento e o transporte também continua a ser uma preocupação técnica, uma vez que as moléculas de hidrogénio são pequenas e podem escapar através de pequenas lacunas ou defeitos nos materiais. O desenvolvimento de novos materiais de armazenamento, como os hidretos metálicos avançados ou os transportadores de hidrogénio orgânico líquido (LOHC), poderia ajudar a atenuar alguns destes desafios, mas estas tecnologias ainda estão em desenvolvimento.

6.2.2. Barreiras económicas

Elevados custos de produção: Um dos obstáculos mais significativos à adoção generalizada do hidrogénio verde é o seu elevado custo de produção. O custo da produção de hidrogénio verde através da eletrólise é largamente determinado pelo preço da eletricidade proveniente de fontes renováveis e pelo custo dos electrolisadores. Atualmente, o hidrogénio verde é significativamente mais caro do que o hidrogénio produzido a partir de combustíveis fósseis, como o hidrogénio cinzento (produzido a partir de combustíveis naturais [4, 5]).

O custo das energias renováveis é fundamental para determinar a competitividade do hidrogénio verde em termos de custos. Embora o custo da energia solar e eólica tenha diminuído drasticamente na última década, são necessárias novas reduções no custo da eletricidade renovável para tornar o hidrogénio verde mais economicamente viável. Além disso, o custo dos electrolisadores continua a ser elevado, como já foi referido, e o aumento da sua produção para reduzir os custos exigirá novos avanços nas técnicas de fabrico e nas economias de escala.

Intensidade de capital e longos períodos de retorno: O investimento de capital inicial necessário para estabelecer instalações de produção de hidrogénio verde, incluindo electrolisadores, tanques de armazenamento e infra-estruturas de transporte, é substancial. Os períodos de retorno destes investimentos são frequentemente longos, o que torna difícil para os investidores privados comprometerem-se com projectos de hidrogénio em grande escala sem a garantia de uma procura estável ou de apoio governamental. Embora a tecnologia e a infraestrutura se tornem mais baratas com as economias de escala, os custos iniciais continuam a ser um grande obstáculo para a indústria [6].

- **Competitividade com as fontes de energia convencionais:** Para que o hidrogénio verde ganhe uma aceitação generalizada no mercado, tem de competir com as fontes de energia existentes, como o gás natural e o carvão, que têm cadeias de abastecimento estabelecidas e são frequentemente mais baratas de produzir. O hidrogénio cinzento, que é produzido a partir do gás natural, é atualmente o método dominante de produção de hidrogénio, em grande parte porque é muito menos dispendioso do que o hidrogénio verde. Para que o hidrogénio verde se torne competitivo, os governos e os intervenientes do sector privado terão de criar fortes incentivos de mercado, como a fixação do preço do carbono, subsídios ou mandatos para a utilização do hidrogénio verde em sectores específicos.

6.2.3. Barreiras infra-estruturais

- **Falta de infra-estruturas para produção, armazenamento e distribuição:** A produção de hidrogénio verde em grande escala exigirá investimentos significativos em novas infra-estruturas. As unidades de produção de hidrogénio, as instalações de armazenamento, as estações de reabastecimento e as redes de transporte devem ser construídas ou expandidas para apoiar a economia do hidrogénio. Em muitas regiões, as infra-estruturas existentes são insuficientes ou inexistentes, o que torna um desafio significativo a rápida expansão da produção de hidrogénio [7].

O desenvolvimento da infraestrutura para o hidrogénio exige também o alinhamento com a infraestrutura energética existente, como as redes de eletricidade e os gasodutos de gás natural. Isto pode exigir actualizações ou modificações substanciais para garantir a compatibilidade e otimizar o fluxo de energia entre o hidrogénio e outros sistemas energéticos.

- **Disparidades regionais em matéria de infra-estruturas:** A disponibilidade de infra-estruturas para o hidrogénio também depende muito da região. Enquanto alguns países, como a Alemanha e o Japão, estão a investir fortemente em infra-estruturas de hidrogénio, outros estão mais atrasados. Em regiões onde o potencial de energias renováveis é elevado mas as infra-estruturas são limitadas, pode ser necessário dar prioridade ao desenvolvimento de infra-estruturas e criar centros regionais de hidrogénio para impulsionar a procura inicial e apoiar economias de escala [8].

6.2.4. Custo de produção vs. fontes de energia convencionais

A viabilidade económica da produção de hidrogénio verde em grande escala está intrinsecamente ligada à sua capacidade de competir com as fontes de energia convencionais, incluindo os combustíveis fósseis. Como já foi referido, o custo de produção do hidrogénio verde continua a ser significativamente mais elevado do que o do hidrogénio produzido a partir de combustíveis fósseis. Esta disparidade de preços tem de ser ultrapassada para que o hidrogénio verde possa desempenhar um papel central na transição energética global [9].

- **Comparação de custos com o hidrogénio cinzento:** O hidrogénio cinzento, que é produzido a partir do gás natural através de um processo denominado reforma do metano a vapor (SMR), é atualmente a forma mais barata de produção de hidrogénio. Neste processo, o gás natural é aquecido com vapor para produzir hidrogénio e dióxido de carbono (CO_2). O custo do hidrogénio cinzento pode ser tão baixo como 1,50 dólares por quilograma, dependendo do preço do gás natural. Em contrapartida, o hidrogénio verde, produzido por eletrólise, pode custar entre 4 e 6 dólares por quilograma, ou mesmo mais, dependendo da localização e do custo da eletricidade renovável.

A grande diferença de custos entre o hidrogénio cinzento e o verde deve-se a vários factores, incluindo o elevado custo de capital dos electrolisadores, o custo da eletricidade renovável e a eficiência dos processos de eletrólise. No entanto, à medida que os custos das energias renováveis continuam a baixar e a tecnologia dos electrolisadores avança, espera-se que a diferença de preços entre o hidrogénio cinzento e o verde diminua. De acordo com as projecções da indústria, o hidrogénio verde poderá tornar-se competitivo em termos de custos com o hidrogénio cinzento em meados da década de 2030, dependendo dos avanços tecnológicos e do apoio político.

- **Potencial de redução de custos:** A chave para reduzir o custo do hidrogénio verde reside tanto nas melhorias tecnológicas como nas economias de escala. Ao longo da última década, o custo das energias renováveis diminuiu significativamente, e espera-se que esta tendência se mantenha. À medida que a implantação de fontes de energia renováveis, como a eólica e a solar, se expande, o custo da eletricidade utilizada para a produção de hidrogénio verde irá provavelmente diminuir, contribuindo para reduzir os custos de produção de hidrogénio [10].

Além disso, os avanços na tecnologia dos electrolisadores e o aumento da capacidade de fabrico poderão fazer baixar o custo dos electrolisadores, tornando o hidrogénio verde mais acessível. Os governos e os intervenientes do sector privado devem continuar a investir em investigação e desenvolvimento (I&D) para melhorar a eficiência e a relação custo-eficácia dos electrolisadores.

6.2.5. Fixação do preço do carbono e apoio às políticas

Uma das formas mais eficazes de colmatar a diferença de custos entre o hidrogénio verde e as fontes de energia convencionais é através de mecanismos políticos como a fixação do preço do carbono. Ao impor um preço do carbono sobre as emissões dos combustíveis fósseis, os governos podem encarecer o hidrogénio cinzento e outras fontes de energia baseadas em combustíveis fósseis, aumentando assim a competitividade do hidrogénio verde [11].

Além disso, os incentivos políticos, como subsídios, créditos fiscais e contratos a longo prazo para a produção de hidrogénio verde, podem proporcionar o apoio financeiro necessário para acelerar a transição. Estes incentivos ajudam a reduzir o risco para os investidores e proporcionam um ambiente financeiro mais previsível para projectos de hidrogénio verde em grande escala [12].

6.3. A dependência da economia do hidrogénio em relação Apoio às políticas e inovação

A economia do hidrogénio está fortemente dependente de um forte apoio político e de uma inovação contínua para ultrapassar os seus actuais desafios e conseguir uma implantação em grande escala. Os governos desempenham um papel fundamental na configuração do mercado do hidrogénio através de políticas, regulamentos e incentivos financeiros que promovem a investigação, o desenvolvimento e a implantação de tecnologias do hidrogénio. Ao mesmo tempo, a inovação do sector privado será essencial para reduzir os custos, melhorar a eficiência e aumentar a capacidade de produção [13, 14].

6.3.1. Apoio à política

As políticas governamentais que promovem a utilização do hidrogénio verde e financiam a I&D são vitais para o crescimento do sector. Políticas como a fixação de preços do carbono , mandatos de energias renováveis e subsídios específicos para o hidrogénio podem reduzir significativamente o custo da produção de hidrogénio verde e criar um clima de investimento mais favorável. Além disso, quadros regulamentares claros e acordos internacionais podem ajudar a facilitar o comércio transfronteiriço de hidrogénio, assegurando um mercado global para o hidrogénio verde.

- **Inovação e avanços tecnológicos:** A inovação será fundamental para ultrapassar muitos dos desafios técnicos e económicos associados à produção de hidrogénio verde. Os esforços de I&D em curso em áreas como a tecnologia dos electrolisadores, os materiais de armazenamento de hidrogénio e as células de combustível de hidrogénio farão baixar os custos e melhorar o desempenho. As empresas do sector privado, as instituições de investigação e os governos devem colaborar para promover a inovação e garantir que as tecnologias do hidrogénio verde continuem a evoluir de acordo com as necessidades do mercado [15].

O aumento da produção de hidrogénio verde enfrenta uma série de desafios nos domínios técnico, económico e das infra-estruturas. Estes desafios devem ser enfrentados através da inovação, do investimento contínuo e de políticas governamentais de apoio para garantir que o hidrogénio verde se torne uma solução viável e rentável para descarbonizar vários sectores. O custo da produção de hidrogénio verde continua a ser um obstáculo significativo, mas os avanços tecnológicos e as economias de escala irão provavelmente fazer baixar os custos nos próximos anos. O crescimento da economia do hidrogénio está também intimamente ligado às políticas governamentais que promovem a sustentabilidade, a inovação e o desenvolvimento de infra-estruturas. Com progressos contínuos nestas áreas, o hidrogénio verde tem potencial para se tornar uma pedra angular da transição global para um futuro energético limpo e sustentável [16].

6.4. Referências

[1] . M. Jayachandran, R.K. Gatla, A. Flah, A.H. Milyani, H.M. Milyani, V.
Blazek, L. Prokop, e H. Kraiem, Challenges and Opportunities in Green Hydrogen Adoption for Decarbonizing Hard-to-Abate Industries: A Comprehensive Review. IEEE Access. **12**: p. 23363-23388 (2024).
[2] . S.M. Saba, M. Müller, M. Robinius e D. Stolten, The investment costs of
Eletrólise - Uma comparação dos estudos de custos dos últimos 30 anos. Jornal Internacional de Energia de Hidrogénio. **43**(3): p. 1209-1223 (2018).
[3] . E. Bianco e H. Blanco, Green hydrogen: a guide to policy making (2020).
[4] . E. Taibi, R. Miranda, M. Carmo, e H. Blanco, Custo do hidrogénio verde

redução (2020).
[5] . S.M. Saba, M. Müller, M. Robinius e D. Stolten, The investment costs of
eletrólise - uma comparação dos estudos de custos dos últimos 30 anos. Revista internacional de energia do hidrogénio. **43**(3): p. 1209-1223 (2018).
[6] . A. PSE, Instituto Fraunhofer para sistemas de energia solar ise. Energia fotovoltaica
Relatório (nd) (2022).
[7] . S. McQueen, J. Stanford, S. Satyapal, E. Miller, N. Stetson, D. Papageorgopoulos, N. Rustagi, V. Arjona, J. Adams e K. Randolph, Plano do programa de hidrogénio do Departamento de Energia. Departamento de Energia dos EUA (USDOE), Washington DC (Estados Unidos) (2020).

[8] . J. Rifkin, The hydrogen economy (A economia do hidrogénio). Penguin (2003).

[9] . W. McDowall e M. Eames, Forecasts, scenarios, visions, backcasts and
roteiros para a economia do hidrogénio: Uma análise da literatura sobre o futuro do hidrogénio. Energy policy. **34**(11): p. 1236-1250 (2006).

[10] . B.H.E. Outlook, Perspectivas da economia do hidrogénio: Mensagens-chave 2020.

[11] . T. Isaac, HyDeploy: O primeiro projeto de implantação de misturas de hidrogénio do Reino Unido.
Energia Limpa. **3**(2): p. 114-125 (2019).

[12] . B.M.J. Miguel, Hydrogen in North-Western Europe-A vision towards 2030
(2021).

[13] . M.-K. Kazi, F. Eljack, M.M. El-Halwagi, e M. Haouari, Hidrogénio verde
para a descarbonização do sector industrial: Custos e impactos na economia do hidrogénio no Qatar. Computadores e Engenharia Química. **145**: p. 107144 (2021).

[14] . S.N. Alam, Z. Khalid, B. Singh, e A. Guldhe, Integração do governo políticas a nível mundial para a produção de hidrogénio verde, em Green Hydrogen Economy for Environmental Sustainability. Volume 1 : Fundamentals and Feedstocks. ACS Publications. p. 1-28 (2024).

[15] . S.O. Bade e O.S. Tomomewo, A review of governance strategies, policy
medidas e quadro regulamentar para a energia do hidrogénio nos Estados Unidos. Jornal Internacional da Energia do Hidrogénio. **78**: p. 1363-1381 (2024).

[16] . J.D. Jenkins, E.N. Mayfield, E.D. Larson, S.W. Pacala, e C. Greig, Missão América zero: The nation-building path to a prosperous, net- zero emissions economy. Joule. **5**(11): p. 2755-2761 (2021).

Capítulo 7: Perspectivas futuras: Inovações e avanços no hidrogénio verde

7.1. Pgreface

O futuro do hidrogénio verde é moldado pelo potencial de inovações tecnológicas transformadoras que podem melhorar a sua produção, armazenamento, transporte e aplicações de utilização final. À medida que o mundo se orienta para a descarbonização dos seus sistemas energéticos, o hidrogénio verde é visto como uma solução crítica para sectores difíceis de eletrificar, como a indústria pesada e os transportes de longo curso. No entanto, para desbloquear todo o seu potencial, são necessários vários avanços para enfrentar os actuais desafios técnicos, económicos e infra-estruturais. Esta secção explora as tecnologias e inovações emergentes que se destinam a melhorar a eficiência da produção de hidrogénio, a integrar a inteligência artificial (IA) e a aprendizagem automática (ML) para otimização e a fazer avançar as tecnologias de armazenamento, transporte e utilização final do hidrogénio [1].

7.2. Tecnologias emergentes para melhorar Eficiência da produção de hidrogénio

- **Electrolisadores de próxima geração:** A eletrólise é o principal método de produção de hidrogénio verde, mas a tecnologia ainda enfrenta desafios em termos de eficiência, custo e escalabilidade. Estão em curso várias inovações para tornar os electrolisadores mais eficientes e rentáveis, o que reduzirá significativamente o preço do hidrogénio verde e acelerará a sua adoção.

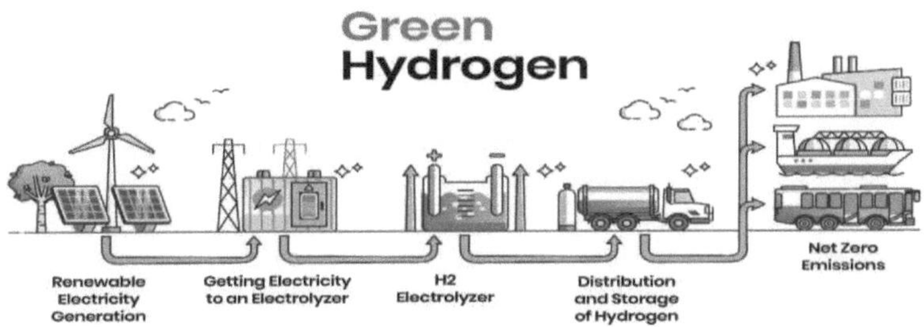

- **Electrolisadores de membrana de permuta aniónica (AEM):** Um desenvolvimento promissor é o avanço dos electrolisadores de membrana de permuta aniónica (AEM). Ao contrário dos electrolisadores de membrana de permuta de protões (PEM), os electrolisadores AEM dependem menos de metais raros e caros, como a platina e o irídio. Isto torna-os mais baratos de produzir e mais escaláveis. A tecnologia AEM está ainda na sua fase inicial, mas oferece o potencial para combinar as vantagens dos electrolisadores alcalinos (rentabilidade) e dos electrolisadores PEM (elevada eficiência e desempenho). Com mais I&D, os electrolisadores AEM poderão tornar-se uma pedra angular da indústria do hidrogénio verde **[2]**.

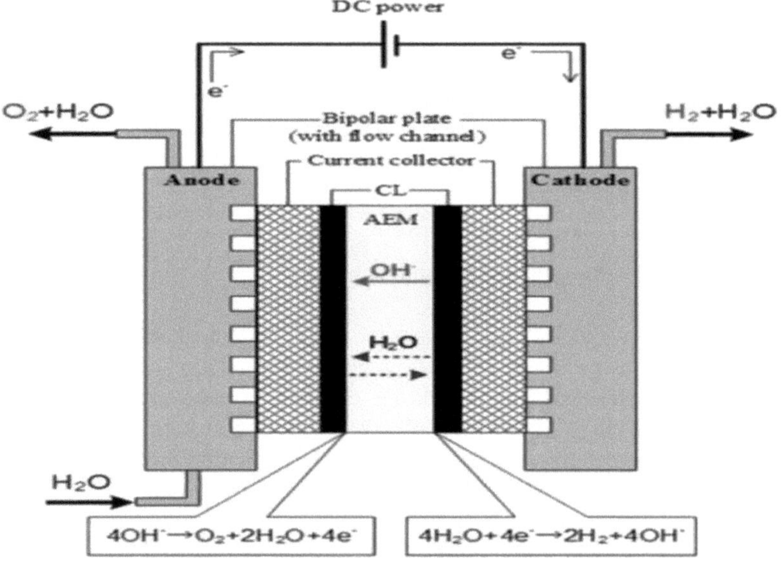

- **Eletrólise a alta temperatura:** A eletrólise a alta temperatura (HTE) utiliza vapor em vez de água líquida para produzir hidrogénio. Este processo funciona a temperaturas muito mais elevadas (cerca de 700-1000°C) e permite uma maior eficiência ao aproveitar o calor de fontes renováveis, como a energia solar térmica ou o calor residual de processos industriais. O HTE pode reduzir significativamente a quantidade de eletricidade necessária para a produção de hidrogénio, melhorando a sua eficiência global e reduzindo o custo de produção **[2]**.

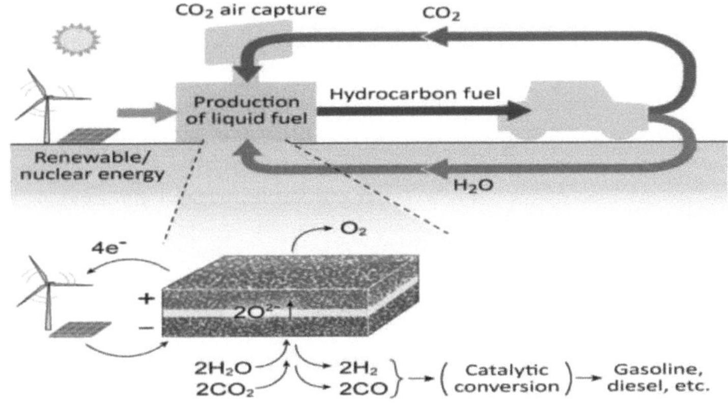

- **Produção biológica de hidrogénio:** Outro método emergente é a produção biológica de hidrogénio, que aproveita o poder dos microorganismos para gerar hidrogénio. As células de eletrólise microbiana (MEC) utilizam bactérias para converter materiais orgânicos, tais como resíduos agrícolas, em gás hidrogénio. Embora ainda em fase inicial de desenvolvimento, esta abordagem biológica oferece um método potencialmente sustentável e de baixo custo para a produção de hidrogénio que poderia complementar a eletrólise tradicional **[3]**.

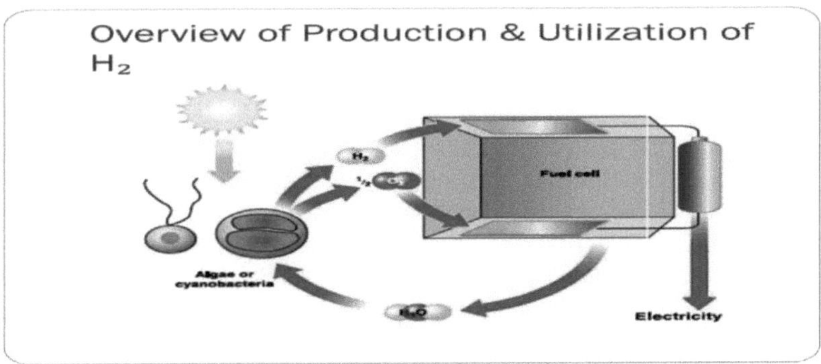

- **Separação de água fotoelectroquímica (PEC):** A separação de água fotoelectroquímica (PEC) é uma tecnologia que combina células fotovoltaicas com eletrólise para converter diretamente a luz solar em hidrogénio. As células PEC utilizam semicondutores para absorver a luz solar e gerar a energia eléctrica necessária para dividir a água em hidrogénio e oxigénio. Embora a separação de água por PEC tenha potencial para ser um processo muito eficiente, ainda se encontra em fase experimental e requer avanços significativos em termos de materiais e eficiência para se tornar comercialmente viável [4].

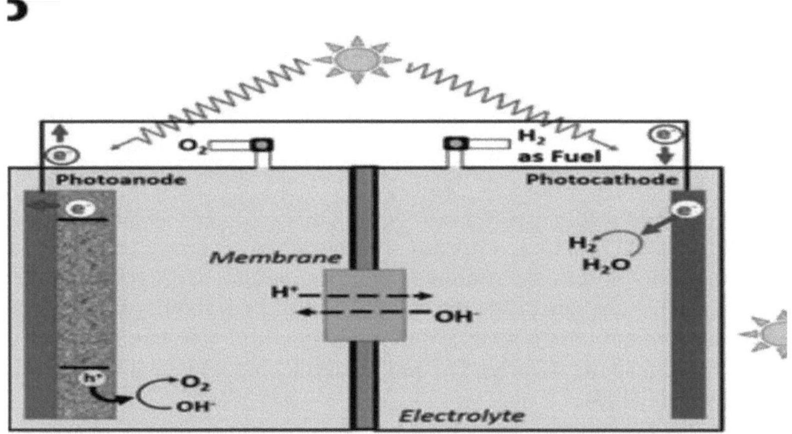

- **Pontos Quânticos e Nanomateriais:** Os investigadores estão a explorar a utilização de pontos quânticos e nanomateriais avançados para a produção de hidrogénio. Os pontos quânticos são nanocristais semicondutores que podem absorver eficazmente a luz solar e convertê-la em energia para a separação da água. Estes nanomateriais têm o potencial de melhorar significativamente a eficiência dos processos de produção de hidrogénio a partir da energia solar, tornando-os altamente competitivos em relação a outros métodos. No entanto, são ainda necessários avanços significativos na ciência dos materiais e nos processos de fabrico para levar esta tecnologia à produção em grande escala [5].

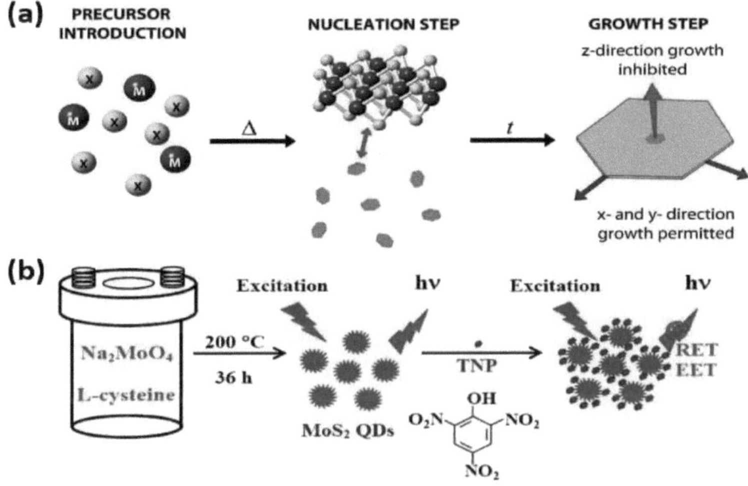

7.3. O papel da inteligência artificial e da máquina Aprendizagem na otimização da produção

A inteligência artificial (IA) e a aprendizagem automática (AM) têm o potencial de revolucionar a produção de hidrogénio verde, aumentando a eficiência, reduzindo os custos e optimizando vários aspectos da cadeia de produção. Desde a melhoria do desempenho do eletrolisador até à otimização da integração das energias renováveis, a IA e o ML podem desempenhar um papel fundamental na transformação da indústria do hidrogénio.

- **Otimização de processos de eletrólise:** A IA e o ML podem ser utilizados para otimizar o processo de eletrólise, identificando as condições de funcionamento mais eficientes, prevendo as necessidades de manutenção e minimizando as perdas de energia. Os algoritmos de aprendizagem automática podem analisar grandes quantidades de dados dos electrolisadores, como a temperatura, a pressão e a corrente, para desenvolver modelos que prevejam as condições de funcionamento ideais para vários níveis de procura. Ao otimizar o funcionamento dos electrolisadores em tempo real, a produção de hidrogénio pode tornar-se mais eficiente, reduzindo tanto o consumo de energia como os custos operacionais **[6, 7]**.

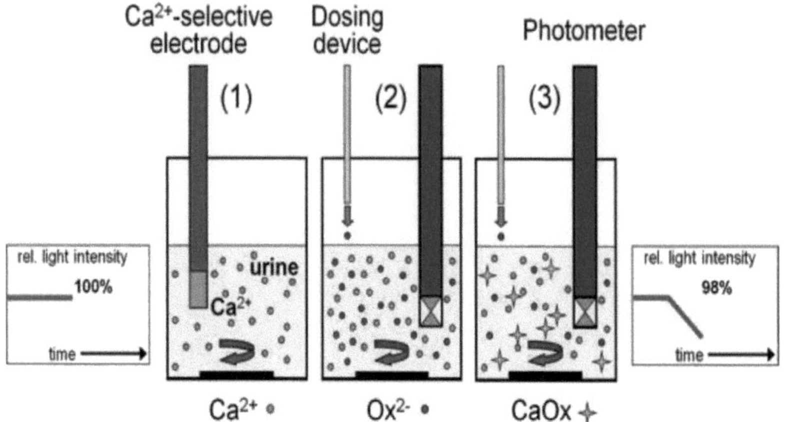

- **Integração com fontes de energia renováveis:** A IA e o ML podem ser utilizados para prever as flutuações na produção de energias renováveis (como a solar e a eólica) e ajustar a produção de hidrogénio em conformidade. Por exemplo, os algoritmos de IA podem analisar os padrões climáticos, a procura de energia e as previsões de fornecimento para determinar o momento ideal para produzir hidrogénio quando a disponibilidade de energia renovável é elevada. Esta capacidade de previsão permite uma melhor integração da produção de hidrogénio com as energias renováveis, maximizando a utilização da energia renovável excedentária e minimizando o desperdício **[8]**.

- **Manutenção preditiva e gestão de activos:** As ferramentas de manutenção preditiva baseadas em IA podem ser aplicadas a electrolisadores e outros equipamentos de produção de hidrogénio. Através da monitorização contínua do desempenho e da análise dos dados dos sensores, os algoritmos de aprendizagem automática podem detetar potenciais falhas ou ineficiências antes que estas conduzam a falhas do sistema. A manutenção preditiva pode prolongar a vida útil do equipamento, reduzir o tempo de inatividade e diminuir o custo de funcionamento, melhorando assim a viabilidade económica global da produção de hidrogénio verde **[98, 10]**.

- **Otimização da cadeia de abastecimento:** A IA e o ML também podem otimizar a cadeia de abastecimento de hidrogénio verde, prevendo a procura, gerindo a logística e optimizando o armazenamento e a distribuição. Os modelos de aprendizagem automática podem prever a procura de hidrogénio em vários sectores, ajudando os produtores a planear os calendários de produção com maior precisão e a garantir que o hidrogénio está disponível onde e quando é necessário. Além disso, a IA pode otimizar a rede de distribuição, selecionando as rotas mais eficientes para o transporte de hidrogénio e assegurando que a infraestrutura é utilizada de forma eficaz **[11, 12]**.

- **IA nas células de combustível a hidrogénio:** A IA pode também desempenhar um papel na otimização do desempenho das células de combustível de hidrogénio. As células de combustível são uma tecnologia de utilização final crítica para o hidrogénio, e a IA pode ser utilizada para melhorar a eficiência e a longevidade dos sistemas de células de combustível. Os algoritmos de aprendizagem automática podem ser utilizados para analisar dados em tempo real das células de combustível para otimizar o consumo de combustível, melhorar a conversão de energia e prolongar a vida útil dos componentes das células de combustível. A IA também pode ajudar a prever falhas nas células de combustível, permitindo uma manutenção proactiva e reduzindo o custo global de propriedade **[13]**.

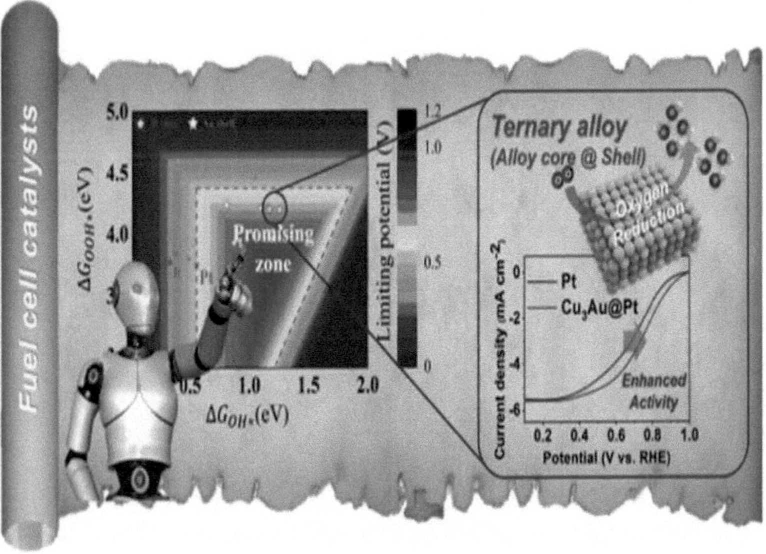

7.4. Tendências futuras nas tecnologias de armazenamento, transporte e utilização final do hidrogénio

- **Tecnologias avançadas de armazenamento de hidrogénio:** O armazenamento eficiente do hidrogénio é um dos principais desafios que se colocam à implantação generalizada do hidrogénio verde. No entanto, estão a ser feitos progressos significativos no desenvolvimento de novas tecnologias de armazenamento que podem aumentar a densidade energética e a segurança dos sistemas de armazenamento de hidrogénio [14].

- **Armazenamento de hidrogénio em estado sólido:** O armazenamento de hidrogénio no estado sólido envolve o armazenamento de hidrogénio em hidretos metálicos ou compostos químicos que libertam hidrogénio quando aquecidos. Estes materiais podem oferecer uma maior densidade volumétrica em comparação com o armazenamento de gás comprimido ou criogénico, tornando-os mais compactos e eficientes. O desenvolvimento de soluções seguras e rentáveis de armazenamento no estado sólido é fundamental para reduzir o custo do armazenamento de hidrogénio e torná-lo mais adequado para o transporte e aplicações em grande escala [15].

- **Transportadores de hidrogénio orgânico líquido (LOHC):** Os transportadores de hidrogénio orgânico líquido (LOHCs) são outra tecnologia promissora para o armazenamento de hidrogénio. Estes materiais podem absorver e libertar hidrogénio através de reacções químicas, o que os torna uma forma eficiente e segura de armazenar e transportar hidrogénio à temperatura ambiente. Os LOHC podem também ser facilmente transportados utilizando as infra-estruturas existentes, como camiões-cisterna e oleodutos, oferecendo uma solução potencialmente escalável para a distribuição global de hidrogénio **[16, 17]**.

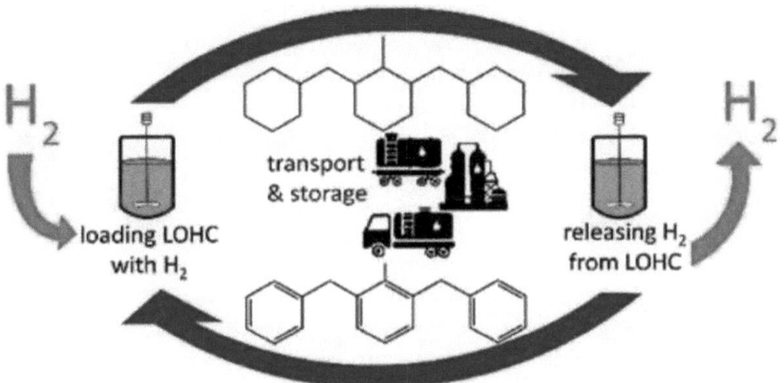

- **Armazenamento criogénico:** O armazenamento criogénico envolve o armazenamento de hidrogénio como um líquido a temperaturas extremamente baixas (cerca de -253°C). Embora o armazenamento criogénico tenha uma elevada necessidade de energia devido ao processo de arrefecimento, oferece a maior densidade volumétrica para o armazenamento de hidrogénio. Os investigadores estão a explorar formas de tornar o armazenamento criogénico mais eficiente, melhorando os materiais de isolamento, reduzindo as perdas por ebulição e optimizando os processos de liquefação **[18]**.

- **Soluções de transporte de hidrogénio:** O transporte de hidrogénio a longas distâncias continua a ser um grande obstáculo para a economia global do hidrogénio. Estão a ser exploradas várias abordagens para tornar o transporte de hidrogénio mais eficiente e escalável.

- **Gasodutos de hidrogénio:** Estão a ser desenvolvidos gasodutos dedicados ao hidrogénio para transportar o hidrogénio dos locais de produção para os utilizadores finais, à semelhança dos gasodutos de gás natural. Os gasodutos de hidrogénio requerem materiais especiais e caraterísticas de design para evitar fugas e garantir a segurança, mas podem oferecer uma solução de baixo custo e elevada capacidade para o transporte terrestre de hidrogénio. Em regiões com infra-estruturas de gás natural estabelecidas, a reorientação dos gasodutos existentes para o transporte de hidrogénio pode reduzir os custos e acelerar a sua implantação **[19]**.

- **Transporte marítimo de hidrogénio:** Para o comércio global de hidrogénio, o transporte marítimo de hidrogénio é um ponto fulcral. Embora o hidrogénio líquido possa ser transportado por navio, os custos energéticos associados à liquefação e ao transporte são significativos. Outra solução potencial é a utilização de LOHCs, que podem ser transportados como líquidos à temperatura ambiente, eliminando a necessidade de armazenamento criogénico. Está também em curso investigação para desenvolver transportadores de hidrogénio à base de amoníaco, que podem ser convertidos em hidrogénio no destino utilizando instalações especializadas **[20]**.

- **Tecnologias de utilização final:** O hidrogénio tem uma vasta gama de aplicações, desde utilizações industriais a transportes e aquecimento residencial. Espera-se que várias tecnologias emergentes de utilização final desempenhem um papel fundamental na economia do hidrogénio.

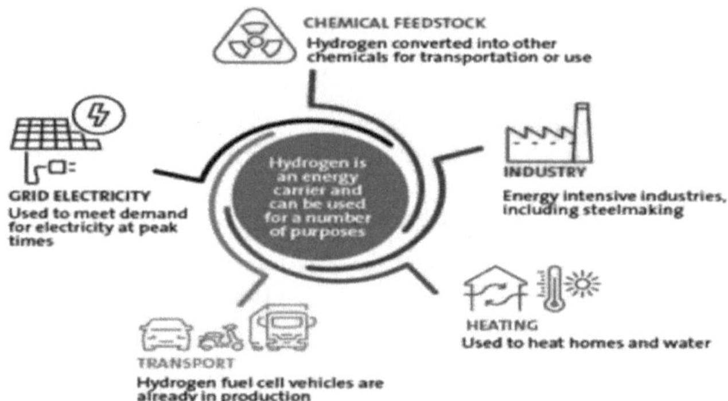

- **Pilhas de combustível de hidrogénio para transportes pesados:** As pilhas de combustível a hidrogénio já estão a ser utilizadas na indústria automóvel para veículos ligeiros.

No entanto, espera-se que a sua aplicação nos transportes pesados (por exemplo, camiões, autocarros e comboios) se expanda nos próximos anos. As pilhas de combustível alimentadas a hidrogénio oferecem a vantagem de um reabastecimento rápido e de uma grande autonomia, o que as torna ideais para os veículos pesados que necessitam de tempos de resposta rápidos. A investigação sobre tecnologias de pilhas de combustível mais duradouras e rentáveis será fundamental para acelerar a sua adoção **[21]**.

- **O hidrogénio como solução de aquecimento:** O hidrogénio pode ser utilizado como uma alternativa de baixo carbono ao gás natural para fins de aquecimento, particularmente nos sectores residencial e industrial. A combustão do hidrogénio não produz CO_2, tornando-o uma solução atraente para descarbonizar os sistemas de aquecimento. A investigação sobre caldeiras, fornos e sistemas de aquecimento urbano compatíveis com o hidrogénio está a ganhar ímpeto e já existem projectos-piloto em curso na Europa e na Ásia para demonstrar o potencial do hidrogénio como substituto do gás natural em aplicações de aquecimento **[22]**.

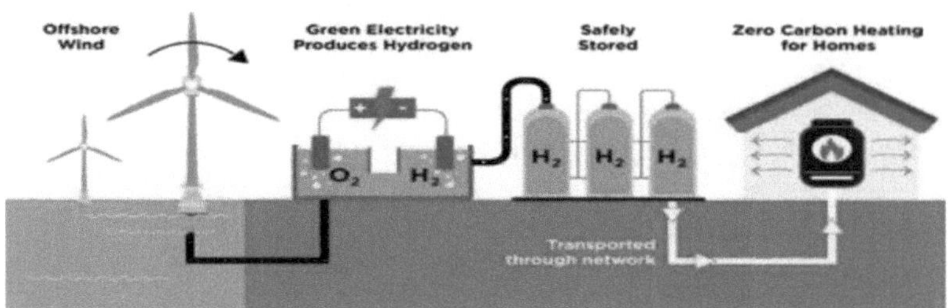

O futuro do hidrogénio verde está repleto de oportunidades significativas, mas a sua concretização depende de vários avanços e inovações tecnológicas fundamentais. Os avanços na tecnologia de electrolisadores, a otimização baseada em IA e os novos métodos de armazenamento e transporte de hidrogénio serão cruciais para aumentar a produção de hidrogénio verde e estabelecer uma economia global de hidrogénio. À medida que estas inovações se desenvolvem, o hidrogénio desempenhará um papel cada vez mais importante na descarbonização de sectores que são difíceis de eletrificar, oferecendo uma alternativa mais limpa e sustentável aos combustíveis fósseis. No entanto, a colaboração contínua entre governos, indústria e universidades será essencial para ultrapassar os desafios que se avizinham e garantir que o hidrogénio verde cumpre a sua promessa como pedra angular da transição energética global.

7.5. Referências

[1] . S. Nikolina, Agência Internacional para as Energias Renováveis (IRENA). (2016).
[2] . C. Li e J.-B. Baek, A promessa de produção de hidrogénio a partir de electrolisadores de membrana de permuta aniónica. Nano Energy. **87**: p. 106162 (2021).
[3] . M.A. Laguna-Bercero, Eletrólise a alta temperatura. Springer (2023).
[4] . B.E. Logan e K. Rabaey, Conversão de resíduos em bioeletricidade e químicos utilizando tecnologias electroquímicas microbianas. ciência. **337**(6095): p. 686-690 (2012).
[5] . S.K. Saraswat, D.D. Rodene, and R.B. Gupta, Recent advancements in semiconductor materials for photoelectrochemical water splitting for

hydrogen production using visible light. Renewable and Sustainable Energy Reviews. **89**: p. 228-248 (2018).

[6] . L. Jin, H. Zhao, Z.M. Wang, e F. Rosei, Quantum dots-based evolução fotoelectroquímica do hidrogénio a partir da separação da água. Materiais energéticos avançados. **11**(12): p. 2003233 (2021).

[7] . R. Ahmed, S.A. Shehab, O.M. Elzeki, A. Darwish, e A.E. Hassanein, An
IA explicável para a produção de hidrogénio verde: Um modelo de regressão de aprendizagem profunda. Jornal Internacional de Energia de Hidrogénio. **83**: p. 1226-1242 (2024).

[8] . Cv A.M. Wala'a, S. Sameer, and M.N. Saeed, Applications of Artificial
Inteligência na análise ambiental e económica do ciclo de vida da produção de hidrogénio verde: melhorar a eficiência e a sustentabilidade. Revista do Colégio Universitário Madenat Alelem. **16**(2) (2024).

[9] . T. Ahmad, D. Zhang, C. Huang, H. Zhang, N. Dai, Y. Song e H. Chen,
Inteligência artificial no sector da energia sustentável: Situação atual, desafios

e oportunidades. Jornal de Produção Mais Limpa. **289**: p. 125834 (2021).

[10] . S. Mullanu, C. Chua, A. Molnar, e A. Yavari, Artificial intelligence for
sistemas energéticos integrados com base no hidrogénio: A systematic review. Jornal Internacional de Energia do Hidrogénio (2024).

[11] . S.R. Joshua, S. Park, e K. Kwon. Abordagem de modelação baseada no conhecimento:
Um projeto esquemático de Inteligência Artificial das Coisas (AIoT) para o Sistema de Energia de Hidrogênio. em 2024 IEEE 14th Annual Computing and Communication Workshop and Conference (CCWC). 2024. IEEE.

[12] . F. Li, D. Liu, K. Sun, S. Yang, F. Peng, K. Zhang, G. Guo e Y. Si, Rumo a uma futura cadeia de abastecimento de hidrogénio: A Review of Technologies and Challenges. Sustainability. **16**(5): p. 1890 (2024).

[13] . A. Jabbary, N. Pourmahmoud, M.A.A. Abdollahi, e M.A. Rosen, Otimização assistida por inteligência artificial e análise multifásica de células de combustível PEM poligonais. International Journal of Green Energy. **21**(7): p. 1550-1566 (2024).

[14] . Q. Hassan, A.Z. Sameen, H.M. Salman, M. Jaszczur, e A.K. Al-Jiboory,
O futuro da energia do hidrogénio: Avanços nas tecnologias de armazenamento e implicações para a sustentabilidade. Journal of Energy

Storage. **72**: p. 108404 (2023).

[15] . M. Rasul, M. Hazrat, M. Sattar, M. Jahirul, e M. Shearer, The future of

hidrogénio: Desafios na produção, armazenamento e aplicações. Energy Conversion and Management. **272**: p. 116326 (2022).

[16] . N. Rusman e M. Dahari, A review on the current progress of metal hydrides material for solid-state hydrogen storage applications. Jornal Internacional de Energia de Hidrogénio. **41**(28): p. 12108-12126 (2016).

[17] . T. He, Q. Pei, e P. Chen, Transportadores de hidrogénio orgânico líquido. Journal of

química da energia. **24**(5): p. 587-594 (2015).

[18] . P. Preuster, C. Papp, e P. Wasserscheid, Transportadores de hidrogénio orgânicos líquidos

(LOHCs): rumo a uma economia de hidrogénio sem hidrogénio. Contas de pesquisa química. **50**(1): p. 74-85 (2017).

[19] . A. Züttel, Métodos de armazenamento de hidrogénio. Naturwissenschaften. **91**: p. 157-172

(2004)

[20] . D. Mahajan, K. Tan, T. Venkatesh, P. Kileti, e C.R. Clayton, Hydrogen

mistura em redes de gasodutos - uma análise. Energias. **15**(10): p. 3582 (2022).

[21] . S. Atilhan, S. Park, M.M. El-Halwagi, M. Atilhan, M. Moore, e R.B. Nielsen, Green hydrogen as an alternative fuel for the shipping industry (O hidrogénio verde como combustível alternativo para a indústria naval). Opinião atual em engenharia química. **31**: p. 100668 (2021).

Capítulo 8: Impacto ambiental e económico do hidrogénio verde

8.1. Prefácio

O hidrogénio verde, produzido através da eletrólise da água utilizando fontes de energia renováveis, oferece benefícios ambientais e económicos substanciais. À medida que o mundo evolui para sistemas energéticos sustentáveis, é crucial compreender o impacto total do hidrogénio verde - desde o seu ciclo de vida até às suas implicações económicas mais amplas. Esta secção aprofunda a análise do ciclo de vida do hidrogénio verde, a sua contribuição para os objectivos climáticos e de sustentabilidade e o seu impacto económico, incluindo a criação de emprego, o desenvolvimento de infra-estruturas e a expansão do mercado.

8.2. Análise do ciclo de vida: Benefícios ambientais e trade-offs

O ciclo de vida do hidrogénio verde abrange todas as fases, desde a sua produção até à sua utilização final, incluindo o abastecimento de energia renovável, a produção de hidrogénio, o armazenamento, o transporte e o consumo final. Uma análise abrangente do ciclo de vida (LCA) permite uma compreensão mais clara dos benefícios ambientais e dos compromissos associados ao hidrogénio verde [1].

8.2.1. Produção de hidrogénio verde

- **Benefícios ambientais:** A produção de hidrogénio verde utilizando fontes de energia renováveis (como a energia solar, eólica ou hidroelétrica) oferece vantagens ambientais significativas. Ao contrário do hidrogénio produzido a partir de combustíveis fósseis (hidrogénio cinzento ou azul), o hidrogénio verde não tem praticamente emissões de carbono durante a sua produção. O processo de eletrólise, quando alimentado por energia renovável, produz hidrogénio e oxigénio sem emissões diretas de CO_2, o que o torna uma das formas mais sustentáveis de produção de hidrogénio.

- **Fonte de energia e utilização do solo:** A pegada ambiental do hidrogénio verde é influenciada pela energia utilizada para alimentar a eletrólise. As energias solar e eólica, por exemplo, requerem uma área de terreno para a instalação de painéis solares ou turbinas eólicas. Embora as energias renováveis tenham uma pegada de carbono baixa durante o funcionamento, os processos de fabrico, transporte e instalação das infra-estruturas renováveis contribuem para algum impacto ambiental, incluindo a utilização de matérias-primas e energia. No entanto, este impacto é significativamente inferior ao da extração e combustão de combustíveis fósseis.

8.3. Armazenamento e transporte de hidrogénio

- **Benefícios ambientais:** O armazenamento e o transporte do hidrogénio também influenciam o seu perfil ambiental. O hidrogénio pode ser armazenado de várias formas, incluindo como gás (em tanques de alta pressão), líquido (através de armazenamento criogénico) ou em compostos químicos (por exemplo, hidretos metálicos). O método de armazenamento escolhido tem implicações tanto para a eficiência energética como para o impacto ambiental. Por exemplo, o armazenamento criogénico requer um consumo significativo de energia devido à necessidade de arrefecer o hidrogénio a temperaturas extremamente baixas. No entanto, os avanços nas tecnologias e infra-estruturas de armazenamento, como o armazenamento de hidrogénio em estado sólido, estão a reduzir estes custos energéticos.

- **Compensações:** O transporte de hidrogénio, especialmente a longas distâncias, coloca desafios ambientais adicionais. Se o hidrogénio for transportado como gás, são necessários gasodutos ou camiões-cisterna, cada um com a sua própria pegada ambiental. A utilização de amoníaco como transportador de hidrogénio pode atenuar alguns destes desafios ao tornar o transporte mais eficiente, mas a própria produção de amoníaco pode levar a emissões se não for obtida através de métodos ecológicos.

8.4. Consumo final

- **Benefícios ambientais:** Quando utilizado em células de combustível, o hidrogénio verde produz apenas água e calor como subprodutos, o que o torna uma fonte de energia limpa para várias aplicações, como os transportes, a indústria e a produção de energia. Isto contrasta fortemente com os combustíveis fósseis, que emitem gases com efeito de estufa (GEE) e poluentes atmosféricos durante a combustão. As pilhas de combustível oferecem uma alternativa eficiente e sustentável para sectores difíceis de eletrificar, como os transportes pesados, os processos industriais e a produção de energia à distância.

- **Compensações:** Apesar destes benefícios ambientais, o processo de fabrico das pilhas de combustível e dos equipamentos movidos a hidrogénio continua a envolver o consumo de energia e a extração de materiais, o que contribui para as emissões, embora estas sejam mínimas quando comparadas com as dos veículos convencionais alimentados a combustíveis fósseis ou dos processos industriais.

Em geral, embora existam compensações ambientais associadas à produção, armazenamento e transporte de hidrogénio verde, estas são significativamente inferiores aos impactos ambientais das fontes de energia tradicionais. À medida que a tecnologia avança e as infra-estruturas de energias renováveis se expandem, estes compromissos continuarão a diminuir, tornando o hidrogénio verde uma solução energética cada vez mais limpa.

8.5. O papel do hidrogénio verde na consecução dos objectivos climáticos e de sustentabilidade

O hidrogénio verde desempenha um papel crucial no esforço global de combate às alterações climáticas, permitindo a descarbonização de sectores que são difíceis de eletrificar utilizando apenas eletricidade renovável. O seu potencial para fornecer uma alternativa de emissões zero aos combustíveis fósseis posiciona-o como um componente-chave dos **objectivos** de sustentabilidade nacionais e globais **[2, 3]**.

8.5.1. Descarbonização de sectores difíceis de compensar

- **Indústria pesada:** Indústrias como a produção de aço, o fabrico de cimento e a produção de produtos químicos são os principais contribuintes para as emissões globais de CO_2. Estes sectores requerem temperaturas elevadas para os processos industriais, o que torna difícil a substituição dos combustíveis fósseis apenas pela eletricidade. O hidrogénio verde pode ser utilizado como substituto do gás natural ou do carvão, fornecendo uma fonte de energia limpa para estas indústrias de elevada intensidade energética.

- **Transportes:** Embora os veículos eléctricos (VEs) estejam a ganhar força no sector dos veículos ligeiros, a descarbonização dos transportes pesados, da aviação e do transporte marítimo requer soluções de longo alcance que o hidrogénio pode proporcionar. As células de combustível de hidrogénio oferecem tempos de reabastecimento rápidos e uma elevada densidade energética, tornando-as adequadas para camiões, autocarros, comboios e navios de longo curso.

- **Aquecimento e energia residenciais:** Em algumas regiões, o hidrogénio está a ser explorado como uma alternativa de baixo carbono para o aquecimento residencial e a produção de eletricidade. Ao integrar o hidrogénio na infraestrutura de gás natural existente ou ao utilizá-lo em células de combustível dedicadas, os países podem fazer a transição para longe dos combustíveis fósseis sem necessitarem de grandes revisões da infraestrutura.

8.5.2. Permitir a integração das energias renováveis

- O hidrogénio verde pode também servir de meio de armazenamento para o excesso de energia renovável. Durante períodos de baixa procura ou de elevada produção de energia renovável (como durante períodos de vento ou de sol), a eletricidade excedentária pode ser utilizada para produzir hidrogénio através da eletrólise. Este hidrogénio pode ser armazenado e utilizado mais tarde, quando o fornecimento de energia renovável for baixo, ajudando a equilibrar a oferta e a procura e a estabilizar a rede eléctrica.

- A integração do hidrogénio verde nos sistemas energéticos aumenta a segurança energética, diversificando as fontes de energia e reduzindo a dependência dos combustíveis fósseis importados. À medida que os países se esforçam por alcançar a independência energética e reduzir a dependência dos combustíveis fósseis, o hidrogénio oferece uma solução versátil e sustentável.

8.5.3. Contribuição para os compromissos globais em matéria de clima

O hidrogénio verde é cada vez mais reconhecido como uma ferramenta fundamental nas estratégias climáticas nacionais e internacionais. Muitos países incluíram o hidrogénio verde nos seus planos de descarbonização para alcançar emissões líquidas nulas até meados do século. Por exemplo, o "Acordo Verde" da União Europeia e o "Roteiro do Hidrogénio" definem objectivos ambiciosos para a produção e utilização do hidrogénio, visando uma Europa neutra em termos de carbono até 2050.

O hidrogénio verde é também um elemento-chave dos objectivos do Acordo de Paris para limitar o aquecimento global a 1,5°C. Ao descarbonizar sectores que, de outra forma, seriam difíceis de eletrificar, o hidrogénio pode ajudar as nações a cumprir os seus compromissos de redução dos gases com efeito de estufa e a mitigar os impactos das alterações climáticas.

8.6. Sustentabilidade para além do carbono

Para além do seu papel na redução das emissões de carbono, o hidrogénio verde também promove a sustentabilidade ao reduzir a poluição atmosférica. As células de combustível movidas a hidrogénio emitem apenas vapor de água, contribuindo para um ar mais limpo nas áreas urbanas e reduzindo os riscos para a saúde associados à poluição atmosférica. Isto é particularmente importante nas cidades onde a qualidade do ar é uma grande preocupação, e os veículos a hidrogénio podem desempenhar um papel significativo na melhoria dos resultados da saúde pública.

8.7. Impacto económico: Criação de emprego, desenvolvimento de infra-estruturas e expansão do mercado global

O desenvolvimento da indústria do hidrogénio verde tem implicações económicas de grande alcance. Desde a criação de novos postos de trabalho até à construção de infra-estruturas e ao crescimento de um mercado mundial do hidrogénio, o impacto económico do hidrogénio verde estende-se a múltiplos sectores da economia [4, 5].

8.7.1. Criação de emprego

- **Produção de hidrogénio e desenvolvimento tecnológico:** À medida que o sector do hidrogénio verde cresce, haverá uma procura significativa de mão de obra qualificada em áreas como o fabrico de electrolisadores, tecnologia de energias renováveis e investigação e desenvolvimento. O estabelecimento de fábricas de produção de hidrogénio e de instalações de investigação criará empregos em engenharia, construção, operação e manutenção.

- **Fabrico de pilhas de combustível:** A procura de veículos movidos a hidrogénio e de sistemas de energia estacionários irá impulsionar o crescimento das indústrias de fabrico de pilhas de combustível. Serão criados postos de trabalho na produção, teste e integração de pilhas de células de combustível, bem como nos sectores automóvel e dos transportes.

- **Empregos nas infra-estruturas e na cadeia de abastecimento:** O desenvolvimento de infra-estruturas de armazenamento e transporte de hidrogénio criará novas oportunidades de emprego na construção, operação e manutenção de condutas de hidrogénio, instalações de armazenamento e redes de distribuição. A economia global do hidrogénio exigirá uma força de trabalho robusta na logística e na cadeia de abastecimento para gerir a produção, o armazenamento e o transporte de hidrogénio.

8.7.2. Desenvolvimento de infra-estruturas 103

- **Expansão das infra-estruturas de hidrogénio:** A construção de infra-estruturas de apoio à economia do hidrogénio verde será um importante motor de crescimento económico. Isto inclui fábricas de produção de hidrogénio, instalações de armazenamento, estações de abastecimento de combustível, condutas e redes de distribuição. Espera-se que os governos, as empresas privadas e as partes interessadas internacionais invistam fortemente na construção das infra-estruturas necessárias para permitir a adoção do hidrogénio em grande escala.

- **Integração com os sistemas energéticos existentes:** Em muitas regiões, o hidrogénio terá de ser integrado nas infra-estruturas energéticas existentes, incluindo as condutas de gás natural e as redes de eletricidade. A readaptação e modernização destes sistemas para acomodar o hidrogénio exigirá um investimento substancial no desenvolvimento de infra-estruturas.

- **Investimento em I&D:** Para concretizar todo o potencial do hidrogénio verde, será fundamental um investimento contínuo em investigação e desenvolvimento. Isto impulsionará a inovação nas tecnologias de produção de hidrogénio, soluções de armazenamento, desenvolvimento de células de combustível e integração do hidrogénio nos sistemas energéticos existentes.

8.7.3. Expansão do mercado global 104

Espera-se que o mercado do hidrogénio verde se expanda rapidamente nas próximas décadas, impulsionado pela crescente procura de soluções de energia limpa e pelos esforços de descarbonização em vários sectores. Prevê-se que o mercado de produção, armazenamento, transporte e células de combustível de hidrogénio cresça substancialmente, atraindo investimentos significativos dos sectores público e privado.

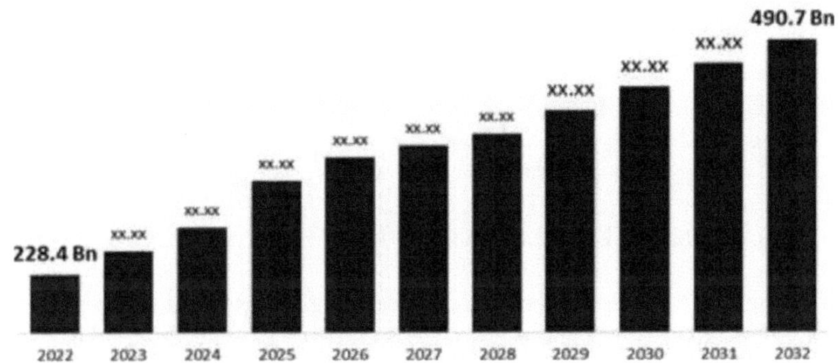

Os países e regiões que desenvolverem indústrias de hidrogénio competitivas numa fase precoce poderão conquistar uma parte significativa do mercado mundial. Isto criará oportunidades económicas, estimulará as exportações e promoverá a colaboração internacional em matéria de tecnologias do hidrogénio.

À medida que o custo de produção do hidrogénio verde diminui e a infraestrutura para a sua distribuição se generaliza, o mercado mundial do hidrogénio irá provavelmente expandir-se para novos sectores, como a indústria pesada, o aquecimento residencial e o comércio mundial. Esta expansão do mercado contribuirá para a segurança energética global e estimulará o crescimento económico nas regiões produtoras de hidrogénio.

O impacto ambiental e económico do hidrogénio verde é profundo e de grande alcance. Ao longo do seu ciclo de vida, o hidrogénio verde oferece benefícios ambientais significativos ao descarbonizar sectores difíceis de abater, reduzir a poluição atmosférica e apoiar a integração das energias renováveis. Do ponto de vista económico, o sector do hidrogénio tem potencial para criar milhões de postos de trabalho, impulsionar o desenvolvimento de infra-estruturas e estimular o crescimento do mercado global, tornando-o uma pedra angular da economia verde. À medida que os avanços tecnológicos reduzem os custos e melhoram a eficiência, o papel do hidrogénio verde na consecução dos objectivos climáticos e na promoção da sustentabilidade só irá crescer, posicionando-o como uma solução crítica para um futuro energético descarbonizado e sustentável.

8.8. Referências 104

[1] . R. Bhandari, C.A. Trudewind, e P. Zapp, Avaliação do ciclo de vida de
Métodos de produção de hidrogénio: A Review. Institut für Energie-und Klimaforschung, Systemforschung und Technologische (2012).

[2] . Q. Hassan, S. Algburi, A.Z. Sameen, M. Jaszczur, H.M. Salman, H.A. Mahmoud, e E.M. Awwad, Saudi Arabia energy transition: Avaliar o futuro do hidrogénio verde na atenuação das alterações climáticas. Jornal Internacional de Energia de Hidrogénio. **55**: p. 124-140 (2024).

[3] . B.S. Zainal, PJ. Ker, H. Mohamed, H.C. Ong, I. Fattah, S.A. Rahman, L.D. Nghiem, e T.I. Mahlia, Recent advancement and assessment of green hydrogen production technologies (Avanços recentes e avaliação das tecnologias de produção de hidrogénio verde). Renewable and Sustainable Energy Reviews. **189**: p. 113941 (2024).

[4] . A. Islam, T. Islam, H. Mahmud, O. Raihan, M.S. Islam, H.M. Marwani, M.M. Rahman, A.M. Asiri, M.M. Hasan e M.N. Hasan, Accelerating the green hydrogen revolution: Uma análise abrangente dos avanços tecnológicos e das intervenções políticas. International Journal of Hydrogen Energy. **67**: p. 458-486 (2024).

[5] . J. Grinschgl, J.M. Pepe, e K. Westphal, Um novo mundo de hidrogénio:
Implicações geotecnológicas, económicas e políticas para a Europa (2021).

Capítulo 9: O hidrogénio verde como pilar da transição para as energias limpas

9.1. Prefácio

O hidrogénio verde, produzido a partir de fontes de energia renováveis como a eólica, a solar e a hidroelétrica, surgiu como uma solução promissora para os complexos desafios colocados pelas alterações climáticas e pela transição para um futuro energético sustentável. As suas propriedades únicas e a sua versatilidade posicionam-no como um pilar central na descarbonização das indústrias, dos transportes e dos sistemas de energia. À medida que os governos, as indústrias e os investigadores continuam a investir no hidrogénio verde, o seu papel no cabaz energético global deverá crescer exponencialmente. Nesta secção final, resumimos as principais conclusões dos capítulos anteriores, discutimos o caminho a seguir para o hidrogénio verde e exploramos as oportunidades de investigação colaborativa e as futuras áreas de foco que irão moldar o seu desenvolvimento.

9.2. Resumo dos principais resultados e conclusões 105

A exploração do papel do hidrogénio verde na transição para as energias limpas destaca o seu potencial para ter um impacto significativo nos sistemas energéticos globais de várias formas críticas.

- **Impacto ambiental:** O hidrogénio verde oferece benefícios ambientais substanciais, principalmente devido ao seu processo de produção com emissões zero quando alimentado por energia renovável. A sua capacidade de descarbonizar sectores difíceis de abater, como a indústria pesada (aço, cimento) e os transportes (por exemplo, aviação, transporte marítimo e veículos pesados), torna-o uma ferramenta indispensável para alcançar os objectivos climáticos globais. O hidrogénio verde também facilita a integração das energias renováveis nas redes existentes, proporcionando uma solução de armazenamento flexível que ajuda a equilibrar a oferta e a procura.

- **Potencial económico:** O sector do hidrogénio verde é muito promissor em termos económicos. Espera-se que gere milhões de postos de trabalho em vários sectores, incluindo fabrico, investigação, desenvolvimento de infra-estruturas e cadeias de abastecimento. A transição para uma economia de hidrogénio verde exigirá investimentos em grande escala em tecnologias de produção, armazenamento e distribuição, o que, por sua vez, estimulará o crescimento económico. Além disso, o hidrogénio verde apoia a segurança energética, reduzindo a dependência dos combustíveis fósseis, criando novas oportunidades de negócio e posicionando os países como líderes na emergente economia do hidrogénio .

- **Avanços tecnológicos:** O desenvolvimento da tecnologia de eletrólise e das soluções de armazenamento de hidrogénio deu passos significativos nos últimos anos, com a investigação em curso centrada na melhoria da eficiência e na redução dos custos. As inovações em tecnologias de redes inteligentes, sistemas de células de combustível e métodos avançados de armazenamento continuarão a fazer do hidrogénio verde uma alternativa mais viável e competitiva às fontes de energia convencionais. À medida que os custos tecnológicos diminuem e a escalabilidade melhora, espera-se que a adoção comercial do hidrogénio verde aumente.

- **Desafios a ultrapassar:** Apesar da sua promessa, ainda há desafios significativos a enfrentar antes que o hidrogénio verde possa ser escalado globalmente. Estes desafios incluem o elevado custo de produção, particularmente quando comparado com os combustíveis fósseis tradicionais, e a necessidade de infra-estruturas robustas para armazenamento, transporte e distribuição. Além disso, a variabilidade das fontes de energia renováveis, como a eólica e a solar, que pode afetar a produção de hidrogénio, exige soluções inovadoras para o equilíbrio da rede e o armazenamento de energia. O apoio político e os incentivos governamentais são essenciais para ultrapassar estas barreiras e impulsionar a adoção em larga escala do hidrogénio verde.

9.3. Caminho a seguir para o hidrogénio verde no cabaz energético mundial

O futuro do hidrogénio verde como componente fundamental da transição energética global depende de uma combinação de avanços tecnológicos, quadros políticos e cooperação internacional. Os seguintes passos fundamentais traçam o caminho a seguir para a integração do hidrogénio verde no cabaz energético global:

- **Aumentar a produção:** Para satisfazer a procura crescente de hidrogénio verde, é essencial aumentar a capacidade de produção. Isto pode ser conseguido através do aumento do investimento no fabrico de electrolisadores, da expansão da capacidade de produção de energias renováveis e do aproveitamento de economias de escala. Os governos e o sector privado devem trabalhar em conjunto para construir instalações de produção de hidrogénio em grande escala e desenvolver pólos regionais de hidrogénio. Os esforços internacionais de colaboração podem ajudar a repartir os custos e os riscos associados ao aumento da produção de hidrogénio.

- **Reduzir os custos através da inovação:** O custo da produção de hidrogénio verde continua a ser um obstáculo significativo à sua adoção generalizada. Embora o custo da produção de energia renovável tenha diminuído drasticamente nos últimos anos, o custo dos electrolisadores, do armazenamento e da infraestrutura de transporte continua elevado. Para alcançar a paridade de custos com os combustíveis fósseis, é fundamental impulsionar a inovação na tecnologia dos electrolisadores, nos métodos de armazenamento de hidrogénio e nas redes de distribuição. O desenvolvimento de novos materiais, a melhoria da eficiência e as técnicas avançadas de fabrico ajudarão a reduzir os custos ao longo do tempo.

- **Construção de infra-estruturas para armazenamento e transporte:** É necessária uma rede abrangente de infra-estruturas para apoiar a produção, o armazenamento e o transporte de hidrogénio. Isto inclui a construção de condutas de hidrogénio, estações de abastecimento de combustível e instalações de armazenamento. O reaproveitamento das condutas de gás natural existentes para o transporte de hidrogénio e a construção de novas redes de distribuição ajudarão a reduzir os custos das infra-estruturas. Além disso, o desenvolvimento de soluções de transporte de hidrogénio, tais como frotas de transporte marítimo e de camionagem movidas a hidrogénio, irá expandir ainda mais o alcance do hidrogénio verde.

- **Integração do hidrogénio nos sistemas energéticos existentes:** O hidrogénio verde pode complementar os sistemas energéticos existentes, fornecendo serviços de armazenamento de energia e de equilíbrio da rede. É essencial desenvolver sistemas híbridos que integrem a produção de hidrogénio com fontes de energia renováveis, assegurando que o excesso de eletricidade proveniente da energia solar e eólica possa ser armazenado como hidrogénio para utilização posterior. Esta integração ajudará a estabilizar as redes eléctricas e a aumentar a segurança energética, especialmente em regiões com elevada penetração de energias renováveis.

- **Colaboração e comércio internacionais:** A natureza global da economia do hidrogénio apresenta oportunidades para a colaboração internacional. A produção, armazenamento e comércio de hidrogénio não estão limitados pelas fronteiras nacionais e os países podem beneficiar da partilha de conhecimentos, recursos e infra-estruturas. Os projectos de investigação em colaboração, os acordos comerciais transfronteiriços sobre o hidrogénio e os investimentos conjuntos em instalações de produção de hidrogénio podem acelerar a economia global do hidrogénio. As regiões ricas em energias renováveis, como o Médio Oriente e o Norte de África, podem tornar-se exportadoras de hidrogénio verde para regiões sedentas de energia, como a Europa e a Ásia.

- **Alinhamento das políticas e da regulamentação:** Os governos desempenharão um papel crucial no sucesso da implantação das tecnologias do hidrogénio verde. Quadros políticos claros e de apoio, incluindo subsídios, incentivos e normas regulamentares, são essenciais para estimular o investimento privado e garantir a utilização segura e eficiente do hidrogénio. Os governos devem também colaborar na criação de normas internacionais para a produção, armazenamento e distribuição de hidrogénio, de modo a permitir o comércio transfronteiriço e o crescimento do mercado.

9.4. Potenciais oportunidades de investigação em colaboração e Áreas de concentração futuras

medida que o sector do hidrogénio verde continua a evoluir, os esforços de investigação em colaboração e as futuras áreas de incidência serão fundamentais para superar os desafios e libertar todo o potencial do hidrogénio verde. Seguem-se áreas-chave em que a investigação e a colaboração podem ter um impacto significativo:

- **Melhoria da tecnologia de eletrólise:** Os investigadores devem concentrar-se em melhorar a eficiência e a relação custo-eficácia das tecnologias de eletrólise, em especial a membrana de permuta de protões (PEM) e a eletrólise alcalina. As inovações nos materiais catalisadores, como os metais não preciosos, poderiam reduzir o custo dos electrolisadores, tornando a produção de hidrogénio verde mais acessível. Além disso, a otimização da conceção e do funcionamento dos electrolisadores para uma utilização em grande escala será crucial para a redução dos custos.

- **Soluções de armazenamento de hidrogénio:** As soluções avançadas de armazenamento de hidrogénio são essenciais para a utilização generalizada do hidrogénio verde. A investigação deve centrar-se no desenvolvimento de materiais de armazenamento de alta densidade e baixo custo, tais como estruturas metal-orgânicas (MOF), transportadores de hidrogénio orgânico líquido e sistemas de armazenamento em estado sólido. Os avanços no armazenamento criogénico e o desenvolvimento de tecnologias de compressão seguras e eficientes desempenharão também um papel fundamental na redução do custo global do armazenamento e transporte do hidrogénio.

- **Desenvolvimento de pilhas de combustível:** O desenvolvimento de células de combustível, que são cruciais para a conversão de hidrogénio em eletricidade, será outra área importante de investigação. Melhorar a durabilidade, a eficiência e a relação custo-eficácia das células de combustível é essencial para expandir a sua utilização nos transportes, nas aplicações industriais e na produção de energia fixa. Além disso, o aumento do fabrico de células de combustível ajudará a reduzir os custos e a tornar os veículos e sistemas movidos a hidrogénio mais viáveis comercialmente.

- **Sistemas energéticos integrados:** Os esforços de investigação em colaboração devem centrar-se na criação de sistemas energéticos integrados que combinem fontes de energia renováveis, produção de hidrogénio e armazenamento de energia de uma forma contínua e eficiente. Estes sistemas poderiam fornecer soluções energéticas flexíveis e fiáveis para uma série de sectores, desde a indústria pesada ao aquecimento residencial e aos transportes. O desenvolvimento de sistemas inteligentes de gestão da energia que possam otimizar o fluxo de eletricidade, hidrogénio e calor em vários sectores será fundamental para o sucesso da economia do hidrogénio.

- **Análise do ciclo de vida e métricas de sustentabilidade:** A realização de uma análise abrangente do ciclo de vida (LCA) das tecnologias de produção, armazenamento e utilização final do hidrogénio verde ajudará a identificar áreas onde o impacto ambiental pode ser minimizado. Os investigadores podem desenvolver métricas e ferramentas de sustentabilidade para avaliar os benefícios ambientais globais do hidrogénio verde, tendo em conta factores como a utilização da água, a utilização do solo e o consumo de materiais. Isto fornecerá aos decisores políticos e às indústrias informações baseadas em dados para melhorar a sustentabilidade das tecnologias do hidrogénio.

- **Desenvolvimento de políticas e mercados:** A investigação em colaboração nas ciências sociais, economia e política pode ajudar a informar o desenvolvimento de quadros regulamentares e mecanismos de mercado eficazes para a adoção do hidrogénio. A investigação sobre mecanismos de fixação de preços, fixação de preços do carbono e acordos comerciais de hidrogénio ajudará a desbloquear todo o potencial económico do hidrogénio verde. A investigação política deve também centrar-se em estratégias para promover parcerias público-privadas e estimular investimentos a longo prazo em infra-estruturas e tecnologias de hidrogénio.

9.5. Considerações finais

O hidrogénio verde está preparado para desempenhar um papel transformador na transição energética global. Com a sua capacidade de descarbonizar sectores difíceis de abater, melhorar a integração das energias renováveis e contribuir para a segurança energética, o hidrogénio verde representa uma pedra angular de um futuro energético sustentável e limpo. No entanto, a realização de todo o seu potencial exigirá avanços tecnológicos contínuos, investigação em colaboração e quadros políticos de apoio. Concentrando-se na inovação, na produção em grande escala, na construção de infra-estruturas e na promoção da cooperação internacional, o hidrogénio verde pode tornar-se um pilar central dos esforços globais para combater as alterações climáticas e criar um futuro energético sustentável para todos.

Printed by Books on Demand GmbH, Norderstedt / Germany